医疗空间室内设计创新探索

INNOVATIVE EXPLORATION OF INTERIOR DESIGN FOR MEDICAL SPACES

陈 亮 ◎ 著

中国建筑工业出版社

绘图：陈亮

序一
Preface 1

  民生福祉，健康为先。医院建设对于改善民生起着重要作用，一直以来都是国家关注的重点。

  医疗空间室内设计是医院建设的关键环节及建筑设计不可或缺的组成部分，需要设计师掌握建筑学、医学、心理学、美学、环境行为学等多个领域的专业知识。既要满足医护人员的实际需求，确保医疗流程的顺畅进行，又要保证建筑结构规范、功能布局合理、空间语言富有美感。在细节上更是涉及建筑材料、医疗设备、机电系统、家具、灯光等诸多方面的考量。由此可见，医疗空间室内设计是具有挑战性和综合性的专业分支之一。

陈亮院长拥有二十多年的医疗空间室内设计经验，他能在工作之余深入研究此领域并整理成文是难能可贵的。书中既回顾了他的成长经历，也涵盖有真实项目案例分析，兼具趣味性与实用性，便于读者更清晰地了解医疗空间室内设计的详细过程。

　　一直以来医疗领域的室内设计鲜少被人所关注，这本书的出版为行业发展注入了新的活力，提供了全新的观点与研究视角。我衷心希望未来能有更多优秀设计师加入到这一领域的研究中来，共同推动医疗室内设计的不断发展，为医疗健康行业进步与民生福祉作出贡献。

中国工程院院士

中国建筑学会副理事长　孟建民

序二
Preface 2

　　我和陈亮院长相识已近 20 年，作为室内设计行业的学术带头人，陈亮院长不仅在学术上有所建树，更是深耕医疗空间室内设计领域，以其专业知识和独特见解，为医疗空间室内设计行业的发展作出了重要贡献。陈亮院长的新作《医疗空间室内设计创新探索》，不仅展示了他多年深耕医疗空间室内设计领域的学术成果，更是他对医疗空间室内设计行业未来发展的深刻洞见。

　　在过去的 30 多年里，医疗建设行业高速发展，保障了人民的健康生活。而医疗空间室内设计也在这个时期取得了飞跃式的发展。陈亮院长在全国医院建设大会上提出了许多新的思想理念，这些理念在本书中得到了精彩呈现，让人深受启发。陈亮院长深知美观、舒适的室内环境对于病患的康复至关重要，而这正是他所倡导的设计理念。

在未来的美好医院建设中,医疗空间室内外环境的重要性日益显著,我们需要更多像陈院长这样的人,为建设美好医院共同努力,贡献力量。

总之,本书是一本内容丰富、思想深刻的好书。这不仅是陈亮院长多年学术和实践经验的总结,更是对未来医疗空间室内设计方向的探索。无论是医疗行业的从业者,还是对医疗建设行业发展感兴趣的读者,都可以从中获得丰富的知识和启发。让我们一起跟随陈亮院长的脚步,探索医疗空间室内设计的新未来!

中国医学装备协会医院建筑与装备分会副会长兼秘书长

《中国医学装备》杂志社常务副社长

筑医台总编辑　李宝山

前言
Foreword

  伴随着我国改革开放和经济建设取得巨大成就,室内设计行业也历经了 40 多年的高速发展。室内设计行业作为人们追求美好生活的平台和载体,涉及的领域非常广泛,内容非常丰富,不仅包含了设计、美学、技术、工程、材料等专业领域内容,也广泛涉及不同行业和专业空间的相关工程建设内容。

  在本人求学到工作 30 多年的时间里,我深刻地感受到了随着经济发展,室内设计行业的技术所历经的巨大变化。本书不是对整个室内设计行业的介绍,只是本人对于从业经历和行业发展的一些看法和记录,从一个侧面反映了 30 多年来我国室内设计行业的发展历程。

医疗空间室内设计十分关注民生健康和福祉，具有高度的专业性和特殊性。它对空间中的使用功能、使用流程、使用环境、使用者心理影响，以及环保材料的运用都有着严格要求。鉴于医疗空间环境的特殊功能需要，室内设计师面临着诸多挑战。随着环境变迁和公众健康意识增强，未来医疗大健康设计无疑将获得更多关注，室内设计师必须学会与时俱进、打破陈规、积极创新，致力于推动医疗空间室内设计的变革和发展，这是赋予我们这一代人及未来几代人的时代责任。

当下，人工智能、机器人技术已经逐步进入我们的日常生活，这些技术经历了几十年的发展，未来这些技术也许会颠覆我们的生活工作方式以及人们对世界的认知。我们应该用全新的视角审视室内设计行业的发展。将来有一天我们回头看，会发现室内设计行业也承载了这个时代人们的生活空间创新发展的技术理念。同时，室内设计行业也应该与时俱进，与国家的经济建设、全球一体化的可持续发展理念趋势同步，与未来时代科技发展和人类不断创新突破的认知领域相吻合。

本书得以出版，要感谢中国中元国际工程有限公司对本人工作成长的培养，感谢壹境矿业助力室内行业建设材料的创新发展以及董事长鄢肖玲女士对本书的支持！感谢代亚明、钟七妹、杨茜、时艳超、冯李鑫傲、周亚星、张骞月对本书撰写和文字整理工作的支持和帮助。感谢中国建筑工业出版社对本书编写的严格审查校对。本书仅代表个人对行业一些片面的实践和理解，仍有很多不足之处，敬请广大读者批评指正。

2023 年 9 月 9 日于杭州

Contents
目 录

第一章
回顾历史，拥抱未来

1.1　室内设计行业发展历程　/ 15
1.2　室内设计的实践初探　/ 18

第二章
医疗空间室内设计的演变与发展

2.1　医疗空间室内设计的演变　/ 25
　　2.1.1　室内装修材料的发展　/ 26
　　2.1.2　医疗空间色彩设计　/ 27
　　2.1.3　医疗空间的照明设计　/ 29
　　2.1.4　医疗空间中的陈设设计　/ 30
　　2.1.5　医疗空间中的景观设计　/ 31
　　2.1.6　医疗空间中的人性化无障碍设计　/ 33
　　2.1.7　医疗室内空间中的声学设计　/ 34

2.2 从医疗空间布局看室内设计发展 / 35
    2.2.1 政策导向的空间布局变化 / 37
    2.2.2 技术导向的空间布局变化 / 39
    2.2.3 事件导向的空间布局变化 / 41

第三章
医疗空间室内设计的策略与实践

3.1 美学创造价值 / 47
3.2 体验式设计不可少 / 55
    3.2.1 情怀与挑战 / 55
    3.2.2 肯定与否定 / 57
    3.2.3 标准与要求 / 60
    3.2.4 未来与跨界 / 62

3.3 医疗空间室内设计要点 / 62

    3.3.1 医疗公共空间 / 66

    3.3.2 医疗功能区的交通空间 / 69

    3.3.3 医院内的等候空间 / 74

    3.3.4 医疗诊疗空间 / 75

3.4 用心设计、用爱呵护 / 77

    3.4.1 居住环境洁污隔离分区设计 / 77

    3.4.2 护理单元设计优化策略 / 78

3.5 设计的同理心 / 87

3.6 医疗空间中的色彩设计 / 98

    3.6.1 色彩心理学 / 99

    3.6.2 色彩与形象认知 / 104

    3.6.3 色彩、材料与照明设计的关系 / 107

    3.6.4 总结和展望 / 114

第四章
医疗空间室内设计的可持续发展

4.1 新时代下的医疗空间室内设计发展 / 117

    4.1.1 传统设计思维的转变 / 117

    4.1.2 装配式装修的发展内核 / 119

    4.1.3 工程模式的转变 / 120

    4.1.4 科技推动行业发展 / 121

    4.1.5 装配式建造美学 / 122

4.2 医疗领域室内装配式应用 / 123

第五章
要脚踏实地，更要仰望星空

5.1 医疗空间室内设计的创新趋势 / 131

    5.1.1 智能化设计建造 / 132

    5.1.2 专项一体化设计 / 133

    5.1.3 医疗空间环境行为学的应用 / 136

    5.1.4 装配式产品化的广泛应用 / 137

    5.1.5 艺术化的空间设计 / 143

    5.1.6 施工模式发展趋势 / 146

5.2 与未来对话 / 150

Chapeter 1
第一章　回顾历史，拥抱未来

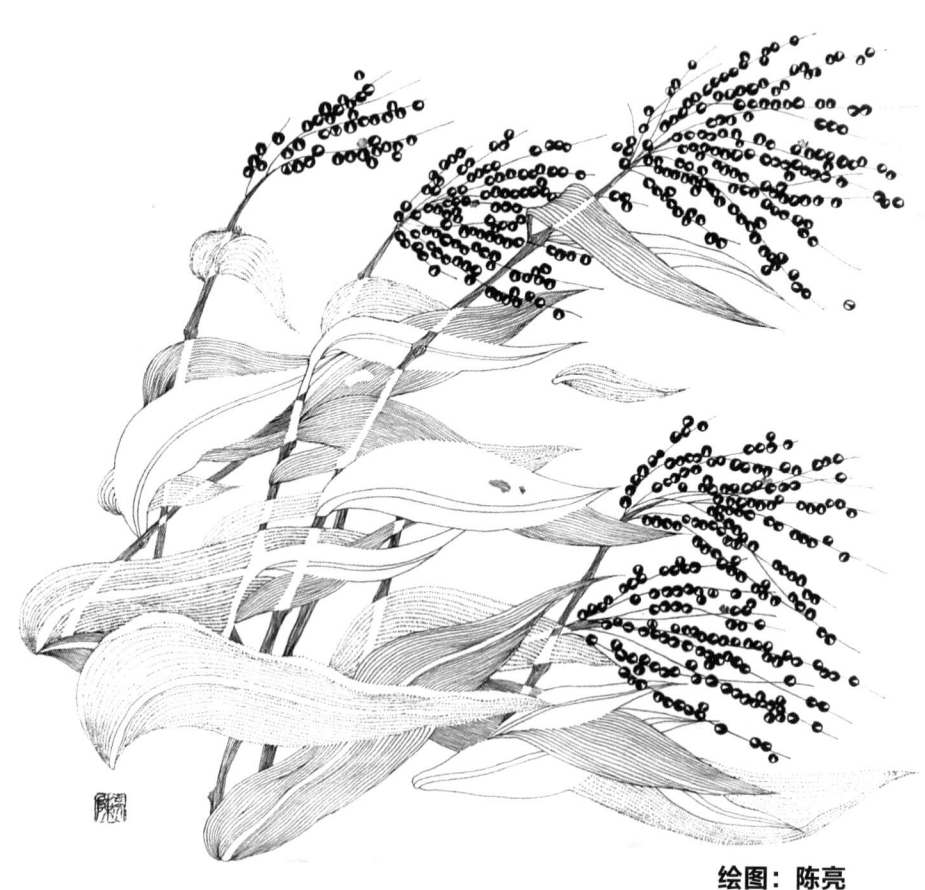

绘图：陈亮

　　飞扬的叶片表现了风的方向和速度，室内设计行业的发展趋势也是经济发展和人们生活质量提升的表现，是随风飘逐、顺势而为还是逆流而上，需要我们的权衡和时代的机遇。

1.1 室内设计行业发展历程

改革开放 40 多年，我国室内设计行业伴随着中国经济的高速发展和人民对美好生活的向往而蓬勃发展。在建筑行业高速发展 20 多年的过程中，室内设计行业逐渐成熟，形成了巨大的设计装修产业，有近千万人的从业规模，每年创造产值高达数万亿元。室内设计的高质量发展可以助推建筑行业高质量发展，本人从业 20 多年，有幸见证了建筑和室内设计高速发展的辉煌时期，主持参与设计了几百项相关项目，大量实践项目的积淀和对设计行业的热爱与感悟，使我对室内设计行业有了更加深层次的认知和理解。

记得我大学二年级时，表哥来北京转机出国读书，他当时讲了很多关于机器人和人工智能技术新领域的知识，超越了我当时的认知范畴，冲击了我的思想和知识架构。当时是 20 世纪 90 年代末，我觉得那些技术还是很遥远的未来。经过 20 多年的发展，机器人技术与人工智能已经得到实际应用，逐渐成为人们日常生活的一部分，人工智能、大数据的发展已经给各行各业带来了新的变化。但反观室内设计行业的发展，却仍然固执地保持着自己的发展步调。

20 世纪 80 年代，室内设计是改革开放后人们追求美好生活的新领域、新行业。室内设计专业在教育体系内属于环境艺术设计专业，也是建筑学二级学科，大量优秀的设计师涌入这一新兴行业。社会对行业从业者有如装修装饰人员、装修建筑师、室内建筑师等不同的称谓，对室内设计从业内容的界定也含糊不清。1989 年《室内设计与装修》登载了一篇文章叫《新的希望——中国的环境艺术》，对中国室内设计行业的未来和从业设计师的职业发展进行了探讨。可以看到，空间装修行业就是当时的"新质生产力"，是促进当时经济建设快速发展的助推器。其中介绍了一个设计作品——北京顺美发廊，其将设计人员描述为"待业青年""工人"和"个体户"，可见当时社会对室内设

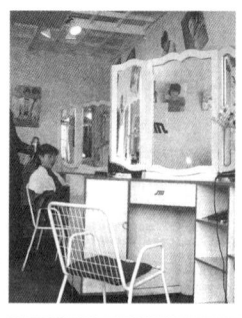

图1.1.1 1987年，期刊杂志中对从业设计师的称谓
（来源：刘靖.新的希望——中国的环境艺术[J].室内设计与装修，1989（12）：55.）

计专业认识的模糊（图1.1.1）。

室内设计、室内装饰和室内装修是三个不同的概念，虽然它们在某些方面有重叠之处，但却有着各自独特的意义和作用。

室内设计是指对建筑内部空间进行规划、布局和装修，通过创造一个舒适、美观和实用的环境来满足人们的生活和工作需求。它涉及空间规划、功能布局、照明设计、材料选择、色彩搭配等多个方面，是一个综合性的设计过程。室内装饰则主要是指对室内空间的美化过程，室内装修则侧重对室内空间进行施工的过程。相较而言，室内设计是一个更为广泛的概念，它包含了室内装饰和室内装修，而室内装饰和室内装修则是室内设计的具体实现手段。

如今，室内设计行业的发展历程凝聚了几代人的努力，已逐步形成了本行业的学科体系，我们应该思考室内设计行业定位和室内设计师职业在新时代的发展，树立专业自信并逐步走向国际设计舞台。

1999年，我参加了全国性的设计大赛，这是我第一次尝试用电脑绘制效果图并获得了二等奖。这给了我在行业内不断创新和探索的勇气。我的本科和硕士毕业设计，采用超现实主义手法，运用犀牛软件建模，结合三维渲染，采用电脑建模结合手绘表现，都获得了当年的优秀毕业设计作品，并入选在中国美术馆举办的全国首届艺术硕士优秀毕业展（图 1.1.2、图 1.1.3）。

图 1.1.2　本科毕业设计作品（绘图：陈亮）

图 1.1.3　全国优秀硕士毕业设计作品（绘图：陈亮）

1.2 室内设计的实践初探

参加工作后,我参与设计的第一个项目很幸运地中标了,该项目是北京某医院改建工程,建筑面积 10 万 m^2,我负责室内设计部分。这是我第一次做医院室内设计项目,开创性地采用了很多新颖的医疗设计理念、设计手法和新型材料,营造出开放性的疗愈公共空间,虽然距今 20 多年,但至今有些技术、理念仍然领先。这也开启了本人的医疗室内探索之路。至今,我已经和团队同事共同完成 400 余项医疗空间室内设计项目,这也使我们的团队成为了全国最具影响力的医疗空间室内设计团队之一。

2001 年我在海南省海口市驻场设计,负责海南省海口市火车站项目室内设计,从方案到施工图绘制,参与了大型公共建筑项目的设计全过程和全套专业配合的流程(图 1.2.1、图 1.2.2)。当时,海南省没有专业的效果图制作公司,并且当时网络不发达,我只能买了绘画工具,手绘了 8 张室内效果图,最终该方案顺利通过汇报并成为确认实施方案。在后来的项目设计、施工配合中,我更加深刻地了解到南北方地域和气候的差异,对交通功能、流线、地域文化加深了认识,该项目后来获得中国建筑勘察设计协会 2021 年度行业优秀勘察设计奖——建筑设计一等奖。我在实践中认识到室内设计不仅是单纯的形式美学、装饰手法,更多的是让空间使用者与室内环境建立交互关系,产生对空间的认同。在 21 世纪初整个室内设计行业的理念,也慢慢从注重装饰性转变为注重功能性。

在随后几年,我主持设计的北京大学第一医院妇儿病房楼项目,获得中国建筑学会建筑设计奖室内设计专项金奖。这是一个改造项目,整个建筑面积 1 万多 m^2,结合了功能使用需求,对颜色、空间、造型的搭配和再设计,在当时具有创新和引领意义,方案由医院工作人员和病患投票选出。在这里也感谢医院领导、医护工作者、患者们对设计师意见的尊重。后来我的孩子也在这里出生,在陪护的时候发现病

图 1.2.1　海口火车站实景（拍摄：贺敬）

图 1.2.2　海口火车站进站大厅与连廊手绘效果（绘图：陈亮）

图 1.2.3　妇儿病房的候诊区实景（拍摄：周若谷）

房之间隔声差，我可以听到隔壁房间孩子哭闹的声音。这让我对医院室内空间的设计有了更深入的思考，室内设计不仅应注重功能和造型，更要考虑使用者的感受，这不仅需要设计师掌握更为全面的技术和相关领域的知识，更需要从人性化的角度思考设计的本质（图 1.2.3）。

在工作的 20 多年时间里，我从中国驻联合国使馆改造项目起，有幸参与设计了 40 多个海外项目，对室内设计的国际化也有一些心得和理解。2012 年我负责老挝万象东昌酒店整体改造工程，来到老挝后，便被当地的自然风光和地域文化所吸引。这个酒店是老挝首都万象当时最高的建筑，共 14 层，装修改造后也是老挝最高端的酒店之一（图 1.2.4）。该项目是 EPCM 项目（即设计采购与施工管理），在项目实施过程中，我对设计、施工全过程管理有了深刻的认识，这也是我在室内设计施工、管理方面向海外拓展的初步尝试。这栋建筑原来是由马来西亚设计师按照英国的建筑设计标准进行设计的，由于是中方出资建设，老挝当时也没有相应的建筑设计规范，所以后来按照中国的建筑设计标准和规范来进行改造设计（图 1.2.5）。

这座酒店建筑坐落于美丽的湄公河畔，整个建筑与自然有机结合，体现了当地地域文化特点，整体室内空间设计非常具有质感和层次。后来亚欧峰会成功在该酒店召开,盛况空前,该项目也获得了国际赞誉。

海外大型公共空间的室内设计项目不仅要体现民族特色和地域文化,更重要的是要有国际化设计风格和格局视野。如坦桑尼亚姆旺扎旅行者酒店项目,该项目位于非洲大陆上的美丽国家坦桑尼亚,这里以著名的动物大迁徙和令人神往的自然风光闻名于世。这是我们团队在非洲设计的第二个项目,该酒店也是姆旺扎当地的高端度假酒店。姆旺扎是坦桑尼亚的第二大城市,有世界第二大内陆湖,湖水清澈湛蓝,巨石耸立湖中,湖面像瑰丽的水晶映衬着自然的杰作,湖中

图 1.2.4　老挝万象东昌酒店建筑外立面实景(拍摄:周若谷)

图 1.2.5　老挝万象东昌酒店室内实景(拍摄:周若谷)

图 1.2.6　坦桑尼亚姆旺扎酒店各区域效果图（绘图：陈亮）

生态环境保持非常好。这些自然风光都作为设计要素成功地融入酒店室内外环境中。整个酒店从建筑单体、室外景观到室内设计浑然天成，与美丽的自然环境融为一体（图 1.2.6）。

中国室内设计师向海外输出设计技术时，有综合素质强、专业全面、吃苦耐劳、服务意识强等优势。在国家"一带一路"指引下，中国的优秀室内设计师会有更多的机会向海外发展。

于 2020 年顺利通关的珠海横琴通关口岸项目，是设计总承包工程，内容包括总体规划、建筑、室内、景观，以及路桥、安检、酒店、商业、办公等部分。该项目的安检大厅及相关配套建筑有近 80 万 m^2。由于项目工期紧、任务重，当时在安检大厅室内设计时，考虑做装配式室内设计，顶棚全部采用装配式吊顶设计施工。顶面灯具和铝板就是由两个厂家配合完成装配式施工。大厅室内的顶面是曲面的波浪起伏的造型，大厅空间跨度大、横梁粗，梁下空间较低，还要容纳空调及各种设备，室内设计师对建筑空间进行了优化提升，弱化了整个顶面压抑的感觉。装配式是人们对可持续发展理念的认同，是设计工业化的发展方向，以及国家政策层面对健康绿色建筑的要求。未来装配式建造的大力推行，也是室内设计高质量发展以及智能化建造、绿色建筑发展的方向。

于近期竣工、坐落于苏州阳澄湖畔的某高端二级医院（图1.2.7），充分结合了当地的地域文化以及苏州园林之美，作为整体的设计灵感，把医院建成庭院式的艺术化空间。使艺术化的医疗室内空间对患者起到疗愈作用，这是室内设计师在未来医院室内设计中应考虑的内容。

新时代医疗环境的变化、相关科技的进步，信息化及人工智能的发展，会对未来医疗室内设计行业产生很大的影响。今天的室内设计行业已经站在全新的起点上，我们必须要认真思考如何保证行业的高质量发展以及如何促进室内设计的转型与升级。

本书旨在通过个人的设计实践和理论研究，探索室内设计行业未来的发展趋势和各种可能性，以及在工业化、产品化、智能化建造的时代背景下，设计师应如何面对医疗空间中的室内设计的产业升级。在本书的最后，我记录了自己关于人工智能对行业未来发展的影响的探讨和交流。本书尝试从医疗空间室内设计项目的角度切入看待整个室内设计行业发展的现状和困惑，以点带面，呈现个人对于行业未来发展的展望和思考，期待和行业同仁共勉。

图1.2.7　候诊大厅休息区实景（拍摄：金伟琦）

Chapeter 2
第二章　医疗空间室内设计的演变与发展

绘图：陈亮

　　拍摄技术的出现，促进了绘画的现代主义进程，而如今，胶片相机却成为历史被束之高阁。多少当年的新兴行业，随着历史的沉淀消失，成为只能在照片上回忆的瞬间。

2.1 医疗空间室内设计的演变

20世纪末至21世纪初,国内掀起了医疗基础建设的新一轮高潮,许多大型综合医院纷纷新建、改造,医疗环境上有了一次飞跃性的发展。尤其是2003年以后,人们的医疗保健意识逐渐提高,对医疗等相关系统投入了更多关注。在这种大的社会环境下医疗基础建设飞速发展,而医疗空间室内设计也作为其中的一个重要环节得到了空前发展,设计手法和表现语言也逐渐成熟。而各类室内设计作品中,医疗室内由于功能性强,各种交通流线、功能布局、专业配套设施等要求比较严格,对设计的限制因素较多,因此医疗空间室内设计的手法和表现形式相对其他类型的室内空间比较单一。

建筑的内部空间和人的生活、生产活动关系密切,是建筑设计的整体延伸,因此在医疗建筑设计的方案阶段,也应将室内设计的空间要素同时考虑在内。医疗建筑主街和多通道的布局方式就是把不同功能的空间整合,利用空间动态的表现手段把封闭的静态总空间贯穿成一个整体。

医疗建筑按照规模分为大型综合医院、医疗中心、专科医院等类型,根据内部功能的不同又分为门诊、医技、病房、行政、特需等多种功能区。其医疗室内空间有门厅、中庭、医疗主街、走廊、护士站、诊室、病房、候诊区等。这些空间又可分为开放和封闭两种空间组织形式。设计师可以通过吊顶造型和由建筑延伸的隔墙、活动隔断以及不同空间材质色彩的变化来改变空间的组织形态。由于医疗空间的功能性要求,在开放公共空间如大厅、医疗街、走廊等设计中应注意交通流线的组织疏导,让使用者以最便捷、快速的方式到达所需的位置,并且尽量使病人、工作人员、污物等分离,避免交叉感染。因此,适当运用引导性较强的空间分割形式如隔断、陈设绿化等达到设计意图。封闭空间如病房、诊室等在设计时应注意空间的尺度、舒适性和私密性，使病人在空间中能够使心理得到放松。封闭空间在使用中和使用者发生更多的直接关系，是医疗空间室内设计的重点环节，因此在设计细节上应认真推敲使用者的行为方式。

医疗空间在设计时应按使用者的行为模式来界定。医疗空间室内设计追求的目标是空间完美的功能性与舒适性的结合，放弃一切不必要的装饰，追求空间的纯净。医疗空间的功能性极强，不同于一般公共建筑内环境，不仅要满足人们在生理、心理方面的需求，更需要在使用者、建设者和设计者之间达到一个平衡。

2.1.1 室内装修材料的发展

在室内设计中不同的材料应用极为重要，是表达设计语言、界定空间性质、满足使用环境氛围的重要方式。材料是室内空间的"皮肤"，直接与其环境中的人发生视觉、触觉关系。材料搭配使用的好坏直接影响室内空间的功能和品质。还应注意材料本身无高档与低档之分，只是看设计师是否能够把握材料的特性，将材料运用到恰当的位置。

医疗空间室内材料的选择是一个理性思考的过程，应根据建设者的投资、使用者的行为需求，再辅以设计师的个性审美而得到，应从实际需求出发。医疗空间室内设计对材料品质的要求比一般室内设计更加严格，尤其是功能性强的封闭空间，对材料的质感、耐用度、抗菌性、抗污性、舒适性、安全性、环保性等要求更高。设计师应尽量采用预制成品现场安装，施工现场减少湿作业，严格控制材料在施工中带来的污染。由于医疗空间的特殊性，设计师要在有限的材料中表达自己的设计意图，这就对材料的把握和选择提出了更高要求。现在医疗空间常用的装饰材料，如用在墙面的树脂板，耐擦洗的布基壁纸、墙革，用在地面的 PVC 和橡胶地板，以及多种抑菌吊顶材料，都有多种不同的表面质感和色彩效果。比如，病房在有医疗槽的背墙安装干挂树脂板（厚度一般为4~12mm），其他墙面搭配布基壁纸等相对造价可控的材料，既达到装饰效果又满足使用要求。设计师可以通过精心设计和搭配，利用材料的特性创造出舒适的医疗空间。

医疗空间的装修材料更新相对较慢，如顶面常采用石膏板、高晶板和铝镁板，墙面常采用防菌涂料、石材、墙砖、树脂板等，地面以PVC、环氧磨石、地砖、石材为主。医疗空间材料的选择上，要注意以下几点：一是满足医疗功能及医疗安全需求，二是满足消防安全防火规范要求，三是满足院内感染控制需求，四是满足医院环境安全需求，五是满足医院噪声控制要求，六是满足医院节能环保及疗愈环境等的要求。

医院的开敞式空间对材料的选择范围相对宽泛，设计时应尽量与建筑外立面材质和风格相统一，避免生硬、突兀。开敞空间人流比较集中，因此对材料的耐用、抗磨损性具有更高的要求，如其墙面干挂石材应比普通空间石材要厚，达到25mm。公共空间内的选材根据其功能要求和使用方式应尽量单纯、统一，避免材料种类繁多带来高成本并缩短材料定货周期。公共区域的等候空间，如候诊区，应局部采用软性材质（如木材、壁纸、壁布等材料）给人以亲切感。此外，材料的细部处理应避免出现尖角，在转角处安装专用护角或做弧形处理，避免碰撞剐蹭。还应避免大量高档材料的堆砌，除了表面的炫耀，没有任何实际意义。医疗空间只要做到满足使用要求，具有审美性即可，适当的设计即好的设计。

2.1.2 医疗空间色彩设计

色彩通过人的视觉系统对人的心理产生影响，色彩本身只是物理性的客观存在，而人是通过对世界的认知后对色彩产生特定的感受，从而产生不同的生理反应，例如色彩的冷暖变化对人的心理会产生不同的生理暗示。医疗空间中色彩的运用对使用者会产生重要的影响。

近年来，很多医疗空间色彩设计抛弃原有单一、冷漠的色调转而使用家庭化的温馨色调，有效地稳定了使用者的情绪，减轻就医时的心理压力（图2.1.1）。

医疗空间色彩设计应遵循整体统一，局部变化，根据其使用功能在设计中确定整体的色彩基调。例如，病房楼内适合于偏暖的色调；而肝、胆病或传染类医疗空间则宜选择偏清冷的色调（色彩的冷暖变化实际是相对而言，依据心理感觉对色彩的物理性分类）；精神类疾病医疗空间色彩更讲究宁静、松弛的氛围；而在妇产儿童就医环境中，也要讲究色彩对患者的心理影响与精神暗示，让患者就诊时能够缓解其焦虑的情绪。在设计中需要使用多种色彩搭配时，应尽量选择色调、冷暖接近的色彩（如淡米色、浅木色、浅绿色），少用补色和对比色（如蓝和橙、黄和红），忌使用黑色、熟褐等黯淡压抑的重色，减少对病人的心理刺激。用色彩的变化赋予空间韵律感和节奏感，达到空间与色彩的和谐。在空间不同分区或强调交通导向时可适当采用色彩对比，吸引使用者的注意并加强装饰效果（如电梯厅、楼梯间、护士站等）。

图 2.1.1　河北中西医结合儿童医院大厅室内效果（拍摄：楼洪义）

2.1.3 医疗空间的照明设计

照明分为自然采光和人工照明，二者相辅相成。由于医疗空间的使用人群心理和生理的特殊性，因此在照明设计上应把握好分寸，光线过强会对病人产生强烈的生理刺激，光线过暗会给人暗淡、沉闷的感觉。医疗空间内照明设计最重要的是把握住光线的亮度，始终保持柔和、自然的亲切感，平衡使用者的心理情绪。

医院的公共空间内可适当增加艺术性的照明效果，如利用采光顶和透光材质，表现室外化的采光效果，既亲近自然又节能环保；在走廊、电梯厅、护士站应尽量采用反射光、漫射光，避免直射光，减少光线对病人的刺激。除选择带遮光片或挡光板的灯具外，灯具的平面布置也极为重要。有的医疗空间走廊把光源置于走廊靠近病房一侧，既可起到引导作用又避免病人平躺在病床上转移过程中光线直接对其产生视觉的刺激。病房、ICU 室等空间的照明设计更加专业，不仅要选择专业的灯具而且对光源的位置也非常讲究，如主光源应避开病床正上方位置；可依靠背墙上医疗槽的专用灯补光；病房内有大面积采光窗时应选择遮阳性能好、易于开启的窗帘，便于随时调节光线强弱，使病人始终处于柔和、宁静的光环境中（图 2.1.2）。

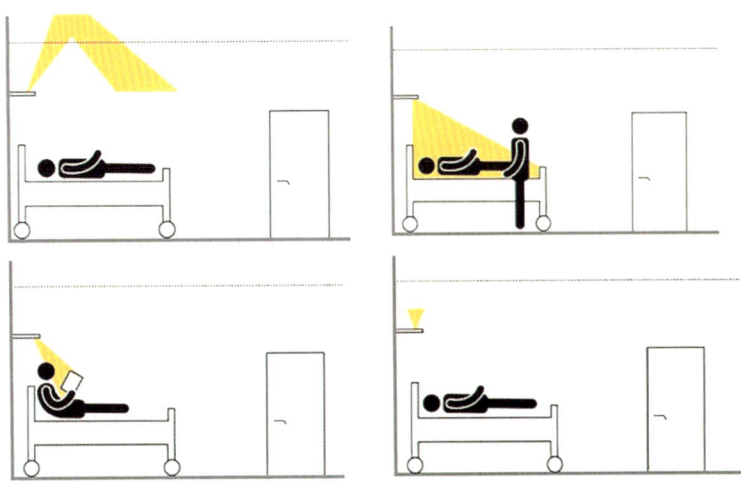

图 2.1.2　照明模式分析图（绘图：代亚明）

芬兰帕米欧医院建于 1933 年，是现代主义建筑大师阿尔瓦·阿尔托的作品。标准病房的设计向东南方向微斜，获得了更多的自然光，病房侧的室内走廊采光充足，给病患以良好的心理感受，有益于病患尽快康复（图 2.1.3）。

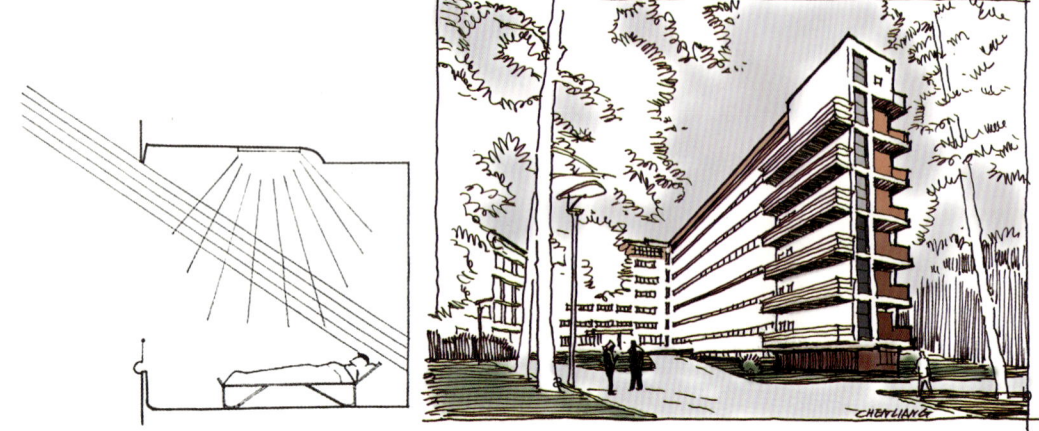

图 2.1.3　帕米欧肺病疗养院病房（绘图：陈亮）

2.1.4　医疗空间中的陈设设计

家具和陈设是室内设计的重要元素，与人的关系最为密切。而医疗空间室内设计中，尤其是病房内的家具，最主要的还是要满足患者活动行为的需要。家具造型应尽量简洁，便于擦洗、消毒；活动家具应便于搬运且应摆放合理，预留足够的转移空间；在抢救患者时，方便医护人员快速转移病床和放置各种医疗器械。随着建筑工业化和装配式装修的发展趋势，现在一体化医疗家具是医疗空间家具配备的趋势，它能够很好地将医疗用品及器具进行整理及收纳，便于使用和清洁，同时模块式的一体化医疗家具更便于安装且无异味、环保、健康。

医疗空间室内陈设设计，应与室内整体风格一致，应由室内设计统一考虑，避免使用过于夸张、跳跃的装饰物品。如果能在此基础上选择具有文化品位和艺术情趣的陈设物品，则从细节处体现了对使用者的人文关怀（图 2.1.4）。

图 2.1.4　韩国首尔三星医疗院、峨山医院艺术品陈设（拍摄：陈亮）

2.1.5　医疗空间中的景观设计

随着现代化医疗事业的发展，许多大型综合医疗中心应运而生，建设者和使用者对于医疗空间的欣赏品位也越来越高。室内绿化也越来越多地应用在医疗空间内，给人以强烈的感染力，使室内空间变得自然柔和、亲切感人。比如天津医科大学生态城代谢病医院，在中国医院建设匠心奖系列评选活动中，被评选为"2016 年中国医疗建筑设计优秀项目"，该项目学习并借鉴了国外的先进经验，秉承自然和谐、时尚大气、明快舒适、节能环保、功能完善和以人为本的设计理念，立意与地理环境相结合，突出个性特征和环境优势，强调内在功能美与外在形式美的有机融合，实现室内、景观、建筑和自然环境的和谐统一。结合国内外医院设计的成功范例，在充分调研分析与消化

图 2.1.5　医疗大厅主街实景 1（拍摄：楼洪义）　　图 2.1.6　医疗大厅主街实景 2（拍摄：楼洪义）

吸收的基础上，力求打造一个国际化、人性化、自然和谐、绿色环保、节能舒适的现代化医疗环境（图 2.1.5~ 图 2.1.7）。

室内景观环境不仅可以调节室内的空气环境气候，同时也能使患者身心得到放松。绿色自然的环境能够减轻压力和疲劳，对医护工作者和患者都有积极的影响，观赏者接近自然环境，可以缓解焦虑。如果有条件也可以在室内空间中增加艺术品或艺术装置，形成人工景观环境。

在病房平面布局设计时应充分考虑采光和朝向，可以结合室外景观进行布局。日光可以保证人的昼夜节律正常调节，稳定人的情绪，具有抗抑郁的作用。根据研究，如果患者居住的房间有充足的采光，尤其是窗外有绿色景观环境，则患者康复的时间会更短，并发症更少，对止痛药的需求也很少。充分考虑病房和医护人员办公室外窗的位置，优化建筑外窗的采光面积，使阳光充足，让患者和医护工作者可以毫无障碍地欣赏到室外的自然风光，可以看到风景秀丽的景观、绿化和休憩的公园，这样能够为患者提供安静舒适的自然环境，同时，也会缓解患者、医护工作者以及家属的压力。明亮的、舒适的照明设计具有很好的治疗效果，促进神经健康，降低患者的疼痛感。

图 2.1.7　室外景观实景（拍摄：楼洪义）

借鉴国外现代医疗设施与环境设计的成功经验，天津医科大学生态城代谢病医院的设计中结合室外景观的特点，重点加强了室内绿化元素的配置。在医院入口大厅右侧，整面墙采用绿植设计，生机盎然，令人心旷神怡，忘却置身医院的紧张气氛；在医院门诊区的医疗主街，设置室内花池绿植，美化医疗空间，清新空气，营造宽敞舒适、四季如春和以人为本的现代医疗环境。

在空间条件有限的情况下，可以摆放仿真植物，与少量真实绿化相结合，根据空间形式设计出高低搭配、层次分明的景观绿化。仿真植物的运用应避免因种植带来的养护成本和滋生病菌虫害的可能性。种植绿化尽量选择盆栽式，便于更换保养，品种应选择无异味、无刺激，对人体无害、可触摸的植物种类。

2.1.6　医疗空间中的人性化无障碍设计

医疗空间内无障碍设计相对其他建筑空间尤其重要，是体现医疗空间人性化的重要因素。除无障碍专用坡道、专用卫生间等，在医院公共空间的各个环节内也应处处体现，如在公共电梯设置无障碍专用按钮和引导系统及应急呼叫系统；护士站和接诊台、问询处等设置局

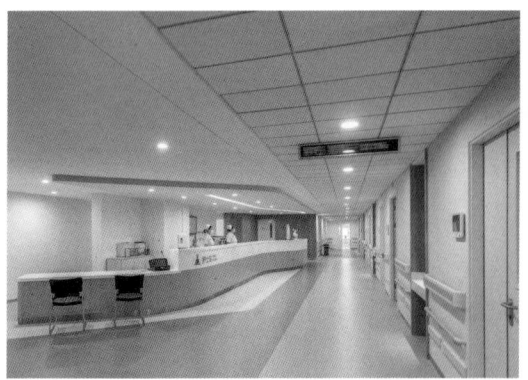
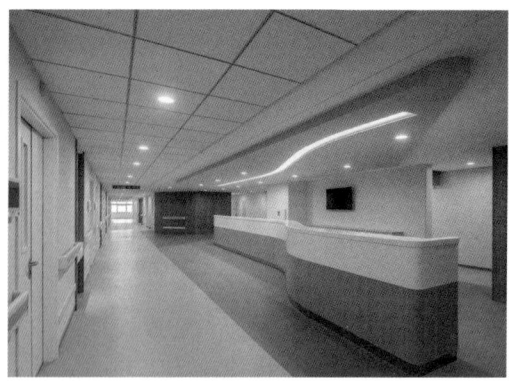

图 2.1.8　护士站效果（拍摄：楼洪义）

部低台面（高 750mm）便于接待坐轮椅的病人使用；还应设置专用空间存放轮椅和活动病床（图 2.1.8）。

2.1.7　医疗室内空间中的声学设计

与以上六项室内设计内容相比，声学设计感受相对比较抽象。但随着医疗空间品质逐步提升，以及就诊人群需求的不断提高，对医疗空间的声学环境品质的要求越来越高。在综合性医院公共空间应通过顶棚、墙面采用吸声材料的处理化解噪声问题。如多用亚麻、PVC 等软性环保材料替代石材、墙砖等硬性材料。诊室、病房的隔墙的隔声处理应做至结构板顶，避免噪声的交叉污染。尤其在妇产、儿童医院的公共及病房空间设计中，设计师可以适当提高设计标准，使这类医疗空间达到真正的舒适怡人（图 2.1.9）。

随着现代医疗事业的发展和人们对自身健康的关注，医疗空间设计相关专业受到更多的重视。我在工作实践中认识到医疗空间室内设计不同于其他类型空间室内设计，不仅要做到以上七项内容，综合考虑，统一设计，并且要与建筑、结构、给水排水、暖通、电气等相关专业密切配合。设计者要以理性严谨的设计态度，对功能细节严格把

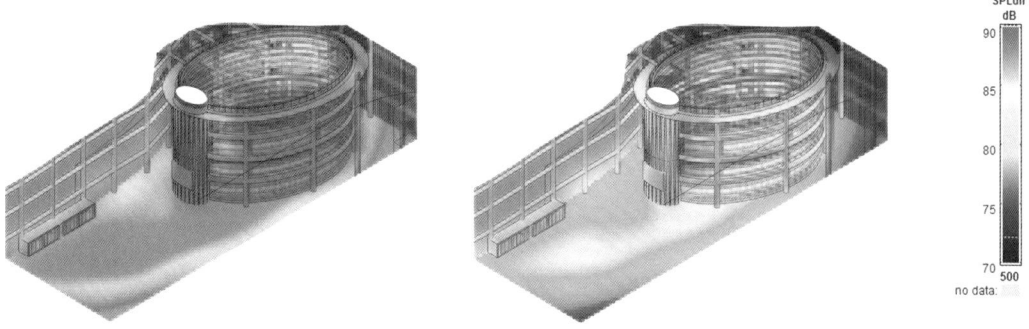

图 2.1.9　空间声场数字模拟场景（绘图：代亚明）

控。医疗空间室内设计不仅要营造一个简洁、宜人的人性化空间，也在逐渐向个性化发展，这对从业设计师有了更高的要求，既要满足功能需求，还要打造丰富的个性化空间。因此把握设计的尺度是医疗空间室内设计的关键。医疗空间室内设计风格看似平淡无奇，但每个空间使用的材质、色彩、照明都应该从使用者的角度去考虑并精心推敲，这才是室内设计的真正个性。

2.2　从医疗空间布局看室内设计发展

各种自然灾害和突发性传染疾病成为全人类需要共同面对的敌人。世界各国都在以多种方式完善技术手段，提升医疗保障体系。中国从20世纪末到现在的这20多年时间里，在医院建设方面有着迅猛的发展，尤其是在2003年后医院建设有了质的飞跃。目前，中国是全世界拥有医院数量最多的国家。近三年来每年新增医院3万多所，随着国家对医疗体制的持续改革以及人民对医疗健康服务的需求升级，医疗健康市场不断升温。同时，海外资本、社会资本的大力介入使得医疗空间基础建设速度提升，医疗空间室内设计作为医院建设中的重要环节得到了空前的重视与发展（图 2.2.1）。

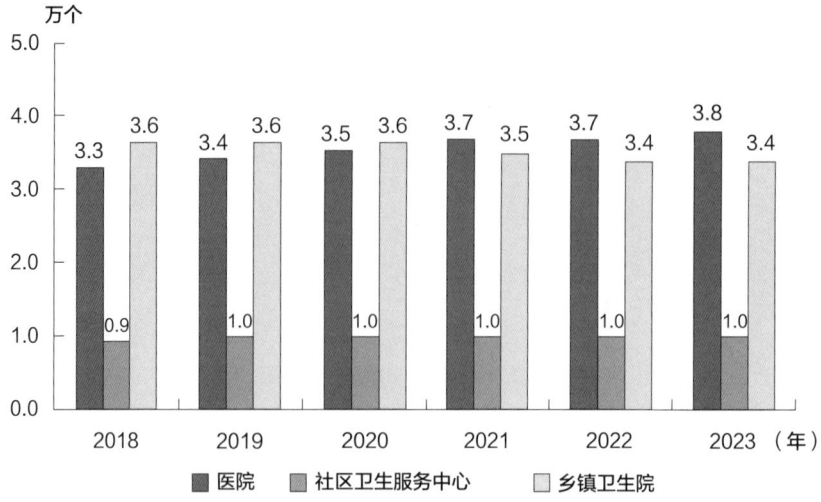

图 2.2.1 2017~2022 年全国医疗卫生机构数量统计
（数据来源：国家卫生健康委员会网站）

但是这一轮的医院建设只是原有体系基础上的复制与扩大，一些貌似设施齐全、洁污通道明确、科室独立的大型三甲医院在面对突发状况之时却准备不足。我们将如何面对未来的不可预知性，要如何来更新和设计医疗空间室内环境，将是下一个十年医院建设发展的重要思考核心。此外，医疗空间室内设计还应提高应对暴力突发事件的能力。这些都对医疗空间室内设计从业人员提出了更高的标准与要求。

回望改革开放以来，新材料、新设备、新理念赋能医疗空间设计所带来的一系列技术革新，以及面对重大公共卫生突发事件所带来的考验，多方面因素的综合叠加，无不鞭策着新时代中国医疗空间室内设计不断迈向新目标。同时，医疗空间室内也经历了设计逻辑上的多次演变。大多数公共建筑的室内设计是为了装饰空间，而医疗空间的室内设计已经不仅限于审美性上的考量。

在进行医疗空间室内设计时，应以空间一体化设计为主导思想，从室内装修、标识导视、医疗家具、无障碍设计、色彩配置、材料选用声、光环境营造到其他软装等内容进行整体设计。在医院室内设计的诸多因素中，空间布局是一切工作开展的基础。医院室内设计复杂、专业且涉及多学科、多领域的人员参与，设计工作不仅是甲乙双方达成共识即可，而是需要听取各方的意愿与诉求，如运营方、医护人员、病患及其家属、各专业设计团队等，需要把横向机制发挥到最大。这区别于其他建筑类型的室内设计。合理性已经不是衡量其好坏的唯一标准，而空间布局设计的动态变化则为常态。

2.2.1 政策导向的空间布局变化

改革开放初期，我国卫生事业经费和投入不足，医院的室内空间环境几乎毫无设计可言。在很多医院的官方网站上，我们都可以搜索到各院的建院史。通过这些老照片可以看到当时大部分医院采用最简单的装修方式，设施简陋。为了易于打理，病房内不设置卫生间。由于管线设计不完善，导致公共卫生间气味大，条件差等问题。

从 20 世纪 90 年代开始，我国经济状况得到极大改善，综合实力加强，医院进入发展期。在解决了基本的医疗卫生问题后，医院空间的室内设计仍保持先功能后形式的设计理念。直到 2003 年北京大型综合性医院的室内设计更多地强调医疗功能属性。而后医院建设的标准不断提升，床均建筑面积可达 90~100m^2，甚至有的医院达到了 150m^2，床均建筑面积这一指标，通常代表了医院室内空间的舒适性，医院空间室内设计逐渐由满足医疗功能向人性化环境品质过渡，意在消除病患就诊时的焦虑与恐惧，提供更舒适的就诊环境，从而产生了空间丰富、风格独特的设计趋势。尤其是在门诊大厅内集中挂号、收费、取药、问询等功能，比如北京某三级甲等医院门、急诊楼大厅（图 2.2.2）。

20 世纪 60 年代，在考恩（Cowan）等学者对医院生长变化原创性研究的启发下，通过医疗主街串联各个功能科室的医院室内空间布局模式的构想开始萌生。2003 年后的医院室内设计一直强调医

图 2.2.2　北京协和医院门、急诊楼大厅（拍摄：周若谷）

院建筑公共空间的通达性与便利性，全国工程勘察设计大师黄锡璆博士率先提出医疗主街的建筑布局，有效提升了医疗建筑空间的使用效率。医疗主街可作为门诊楼的主动脉将各功能科室串联，把门诊、急诊、住院楼、体检各个功能大厅，甚至部分科室的一次候诊通过医疗主街进行串联来解决大量人流疏散问题，以形成便于病患聚散通达的空间。通过医疗主街的贯穿可以更快速地将人流导入，而后分散到各门诊候诊或休闲区等待。将非医疗功能的零售业态置入休闲区域中是人性化的一种体现，形成一个对社会开放的共享空间，这种丰富的空间形态与多元的医院业态使该空间由单一的医疗功能空间转变为综合性空间。这不仅更好地为医患服务，同时也有利于医院均衡收益。

一切设计以人为本，回归到真正满足医患使用的室内空间，在医院建筑设计过程中考虑满足功能配套的医疗一级流程工艺和符合临床门诊及病房、医技科室、药剂科及其他科室的设计及相关动线的医疗二级流程工艺后，在进行室内设计时，将进行医疗三级流程工艺的细化。医疗三级流程工艺的细化需要综合空间科学性、合理性等方面，组织专家、科室医生与室内设计各相关专业人员进行充分的沟通，形成横向工作机制，以满足医院的功能定位和使用需求，如医疗设备、医疗家具、医生使用及操作习惯、医院管理模式等，同时在设计上满足电气、结构、综合管线、装饰等国家各类建筑规范要求。

2.2.2 技术导向的空间布局变化

2017 年北京协和医院公布了新的公众挂号方式。自 2017 年 7 月 1 日起，患者可通过北京协和医院官方 App、院内自助机、银行自助机及电话 114 等方式预约挂号。这标志着新一轮的信息技术革命已进入医疗服务机构，影响着公众未来的就诊方式。

随着医疗信息系统的数字化与智能化以及 5G 技术的不断进步，传统的就诊方式被逐渐改变，通过手机预约看病、远程诊疗等手段不断完善。技术的革新反过来影响了医疗空间的平面布局，促进了建筑室内设计等医院建设环节为适应新技术与时代需求而进行改变，比如，挂号空间变小，远程诊疗室增加等。

与此同时，医疗设备的不断创新使得通过仪器所进行的身体检查结果更加准确、高效。越来越多的仪器、设备需要入驻医院，而大多数医技设备体量很大，早期常有难以通过正常医院通道进入医技诊室的情况发生。这种情况不得不通过扩大外窗洞的方式才能将设备放置到合适的位置。所以横向协调机制在设计初期就需要完全执行，否则在装修施工结束后才意识到这一问题，会给投资方带来不必要的浪费，甚至影响工期。

除了医技设备，医院物流运输系统的应用对于医院的空间布局设计具有全局性、根本性的影响。医院物流运输系统不仅可以衔接并完成各部门及科室间的物品传送，避免人工传输过程中可能引发的各种不安全、不确定的因素，同时也解决了传统传递方式所产生的时间、人力和物力上的浪费。在检验标本的传输过程中，运输通道是否安全可靠直接影响了检验科检验结果的准确性。现在新建的医院室内设计中，智能化物流传输系统应用广泛，这对室内空间的设计提出了新的要求。医院智能化物流传输系统包含：医用智能中型箱式物流、轨道小车物流、气动物流、搬运机器人等（图 2.2.3）。设计师应根据医院建筑结构、功能布局，充分考虑医院物流运输系统的位置合理性，与医护人员工作区域的高效链接及洁净保障。医院智能化物流系统的应用日渐成熟，在降低运行成本的同时可提高医院的运行效率。因此在医院建筑设计时，就应统一考虑智能化物流传输系统与室内空间的结合。

目前有很多科技产品已经开始应用，例如智能灯光感应系统可以

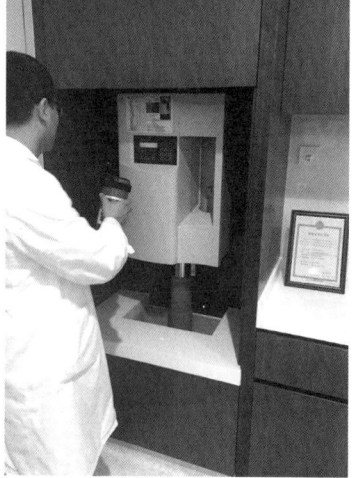

图 2.2.3 医用智能中型箱式物流、轨道小车物流、搬运机器人、气动物流（拍摄：代亚明）

分时、分区地进行灯光的调节和关闭，有效降低医院的成本，还有智能病床系统、智能呼叫系统、"一键式"窗帘等。室内设计师需要多体验、多发现新的科技产品，真正做到与科技同步，这样做出的医院室内空间布局才能更好、更有效地帮助医护人员救治病患。

2.2.3 事件导向的空间布局变化

除了政策的颁布和技术的更新对医院室内空间布局的影响外，突发的公共卫生和个体暴力冲突事件的发生也促使设计师在如何优化医院的空间布局上进行更多的思考。2003 年 5 月国家颁布了《突发公共卫生事件应急条例》。该条例的内容包括建立反应快速、准确的突发事件监测预警信息网络系统与机制；成立具有能够统一全局，紧急启动的强有力的指挥系统；构筑各级完善的具有防御与抗击能力的应急机构。同时，条例内容也涵盖了科学研究、人员与物质储备与调配、法律保障等。具体执行措施提到，如何在不同的城市与农村地区建立起具备抗击与防治传染病等的有效防治体系，建立与完善各项防治机构。在抗击传染性疾病过程中，原有综合性大中型医院建筑室内空间的布置不能够满足传染病患者的救治条件，会进行突击性的应急改造，一些地方还紧急建造了应急医疗设施。如何通过完善医院的室内设计有效地控制与降低院内交叉感染，成了公共卫生系统院方管理者等关注的事项之一。

随着人们健康意识的提高，医疗室内公共空间的设计将会产生新的设计模式，原有集中入口与医疗主街对接的门厅、大堂等公共空间会有所压缩并作分散处理，避免人流的大量聚集，形成不同功能的公共空间以起到交通分流的作用，分隔出的公共空间可作为突发传染性疾病的临时隔离分区。北京很多三甲医院在应对突发传染疾病时把大厅作为物理隔离的地方，对人流采取分散管理、监测体温等措施。功能决定使用形式，因此在今后的大厅入口空间中增加临检过渡空间或者多屏障措施设计，做到有备无患是医疗空间室内设计的一大趋势（图2.2.4）。

未来医院室内设计的功能性空间会不断地有新的变化与调整。目前我国大部分医院候诊空间在设计时强调一次候诊的公共开放性和易识别性，却忽视了二次候诊的分流功能，易导致聚集病患的交叉感染，同时也较少考虑患者候诊的焦急心理情绪，可能产生不可预估的突发事件。为避免上述情况的发生，室内设计师可以在一次候诊时根据叫号系统对候诊人群进行分区，适当增加活动隔断分散人员座位，并应用多屏障将空间适当分隔。此外在二次候诊前应安排预诊空间，该空

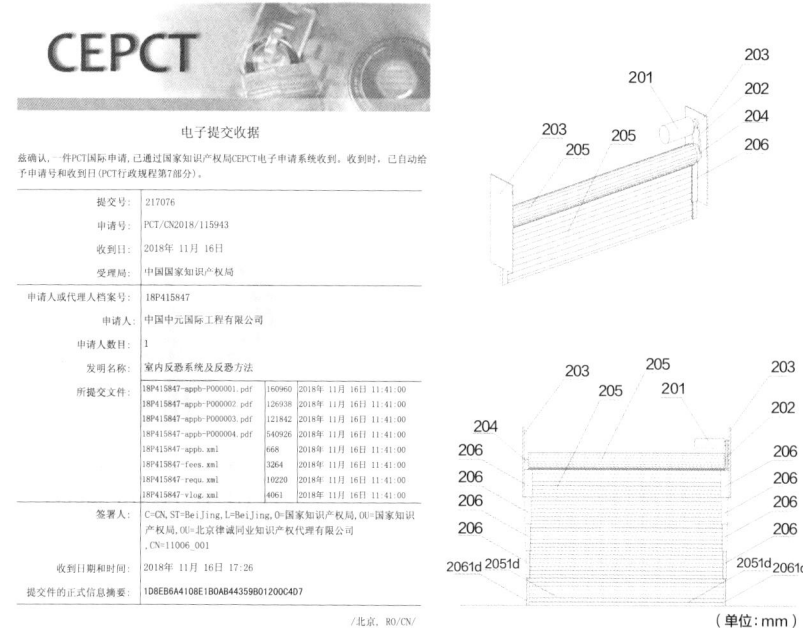

图 2.2.4　采用防火卷帘分割区域防止伤医事件和突发公共卫生事件（来源：陈亮）

间以温馨舒适的半开放式氛围营造为主，请有经验的护理人员进行初步的病情问询及安抚，合理引导进入诊室。这样既可以将候诊患者进行人流分散，也提供了一个转换空间，避免患者产生焦躁情绪，在其进入诊室就诊前作足心理准备，减少医患矛盾产生的机会，并有效避免交叉感染。黄锡璆大师曾说过，在设计医院空间时秉承让"病人看病不走冤枉路，医务人员少做无用功"的设计理念，才能做出好的医院空间设计。

　　设计师还应从医护人员、患者的行为方式角度来考虑未来医院室内设计的方法。医院病房区的护理单元也是容易发生医患纠纷的区域，我们之前的平面设计通常只是考虑护士工作流程的便利。因护理单元护士与病人比例失调，护士工作强度比较大，无法做到面面俱到，容易与患者及家属产生矛盾。除了应增加护士人力，设计师在做设计时也应考虑通过室内空间布局来缓解问题。设计师一般会把护士站及其相关功能区置于整个护理单元中心区域，以便于照顾到整个护理单元的患者，往往忽略护理单元入口区的控制和隔离。如果能在电梯厅、入口门厅就近设置小型接待空间或者"护士岛"，便于对进出人员监控、观察或就近治疗，就可有效减少病患或外部人员进入护理单元中心护士站时产生交叉感染或医患纠纷。

很多看似完善的医疗设施在突发传染性疾病面前，床位数根本无法满足使用。许多综合医院的发热门诊往往在设计之初就不受重视，甚至为临时建筑，环境恶劣。虽然功能位置与其他医疗区分隔，但是普遍无法形成单独隔离，遇到突发公共卫生事件时，无法满足接诊量。在今后的医院设计中，我们应预留出应急、隔离空间，做到平急结合。

医疗建筑室内设计相对比较专业，但如果可以把用于医疗空间中的一些专业防控设计应用到日常生活则会有更为广泛的应用空间，保障人民群众的健康防线。一般住宅是入户后更衣换鞋，穿过玄关客厅，途径厨房餐厅等空间后到达卫生间，再采取清洁措施，增大了感染的机会。我们可以借鉴医院洁净区隔离空间的设计，在每户入口设计单独的房间内设上下水点洗手消毒，有条件可设置淋浴更衣功能，保证入户后形成相对洁净的环境，避免外来感染。该设计已获得国家发明专利，具有很强的实践推广性（图 2.2.5~ 图 2.2.7）。目前国内很多房地产开发商非常关注健康住宅的设计理念，医疗设计的一些理念将会得到广泛应用和实践。

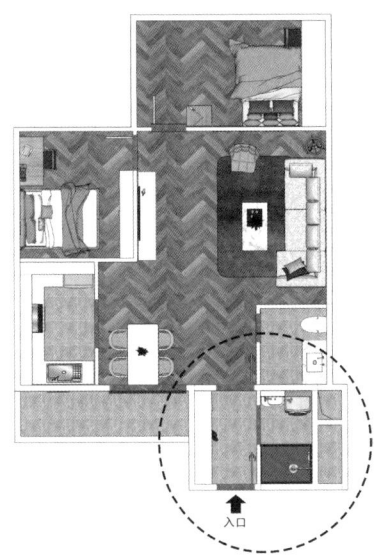

图 2.2.5 卫生健康住宅单元设计平面图
（绘图：陈亮）

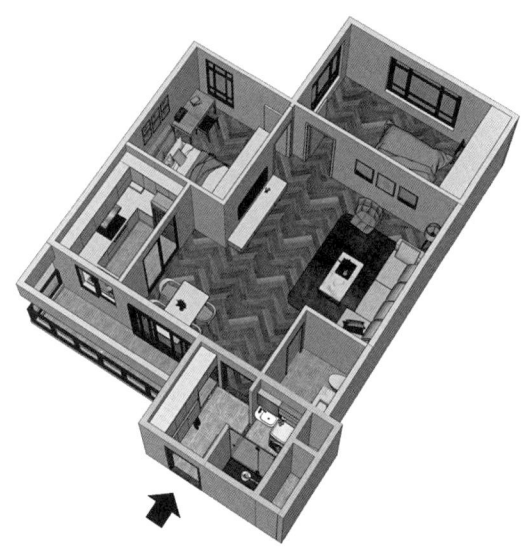

图 2.2.6 卫生健康住宅单元设计轴测图
（绘图：陈亮）

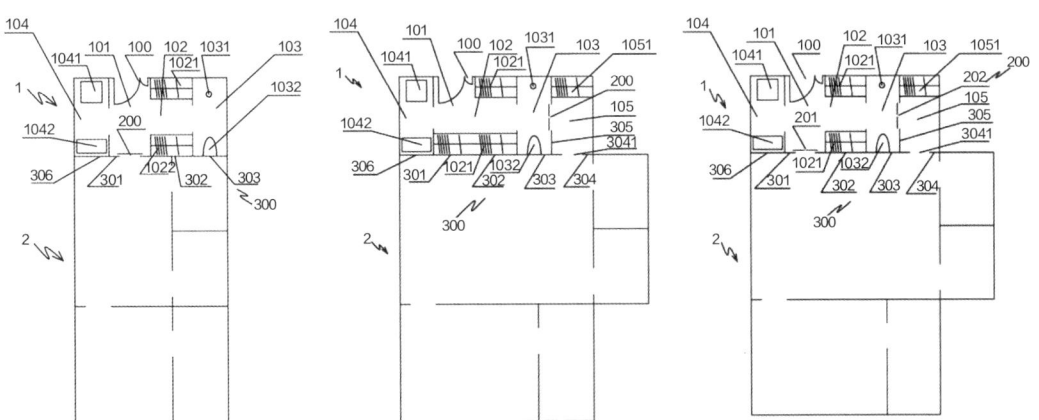

图 2.2.7 卫生健康住宅单元设计原理图（已获得国家发明专利 CN 105239793A）（绘图：陈亮）

Chapter 3
第三章 医疗空间室内设计的策略与实践

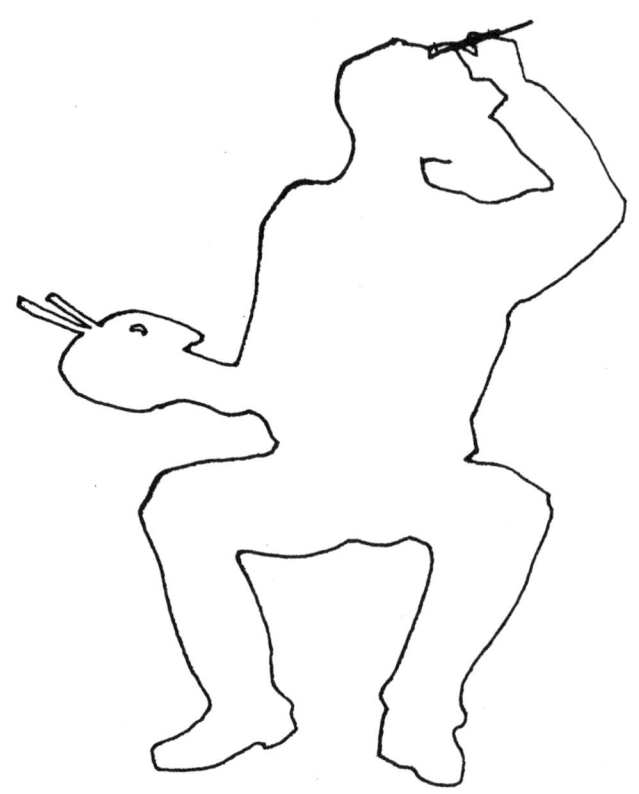

绘图：陈亮

设计本身就是不断完成实践和理论探索的循环过程，只有不断地自我完善和营造，才能从容面对项目过程中的跌宕起伏。

3.1 美学创造价值

面对互联网文化消费时代的到来，从某种程度来说美本身就是一种价值的体现。"颜值就是生产力"，设计师应该将专业的审美和大众的审美相结合。

室内设计通过组合不同的空间形式，使用多样的设计手法，让使用者在使用过程中对空间的理解不仅停留在视觉层面，还可以起到心理引导和暗示作用。例如同样一个人，通过不同的穿着打扮能改变他人对其的印象与认知，从而可能引发不同的交往行为。同理，空间环境与人之间也是互相影响的，周边环境对人的心理感受和行为方式有着不可忽视的刺激与引导作用。审美没有高下之分，只是不同的人在不同的环境下，因性别、认知、年龄等差异而产生的感受差别，由于这些差异的存在，人与人之间对美的理解也不尽相同。

美不单纯是一个感性的认知概念，寻求美的过程也是充满技术标准的。亚里士多德（Aristotle）说过：美是和谐。美是人把感性的内容，通过理性的认知过程直观地表达出来。理性的认知可以通过学习培训获得，而美学内容则需要在理性的基础上结合感性认知来表现。我们在做医院设计的过程中理所当然认为功能性应该放在第一位，实际上作为一名设计师，将医院的功能流线做好是最基本的职业要求，更深层次的要求是在满足实用功能的基础上挖掘美学价值，给病患带来心理上的美学感受，使医疗空间产生辅助的疗愈功能。

在医院的建筑设计和室内设计实践当中，设计师不仅要注重医院建设的功能性，比如流线要合理、功能使用要便利，还要体现人文关怀，并兼顾美学。这些能直接引起患者和医护人员对于使用空间的共鸣，从而对空间产生亲切感和依赖感。因此，在兼顾医院功能性和经济性的基础上植入美学的理念，是我对于医疗空间内美学表达的研究，这也是当下医疗空间可以推广的（图3.1.1）。

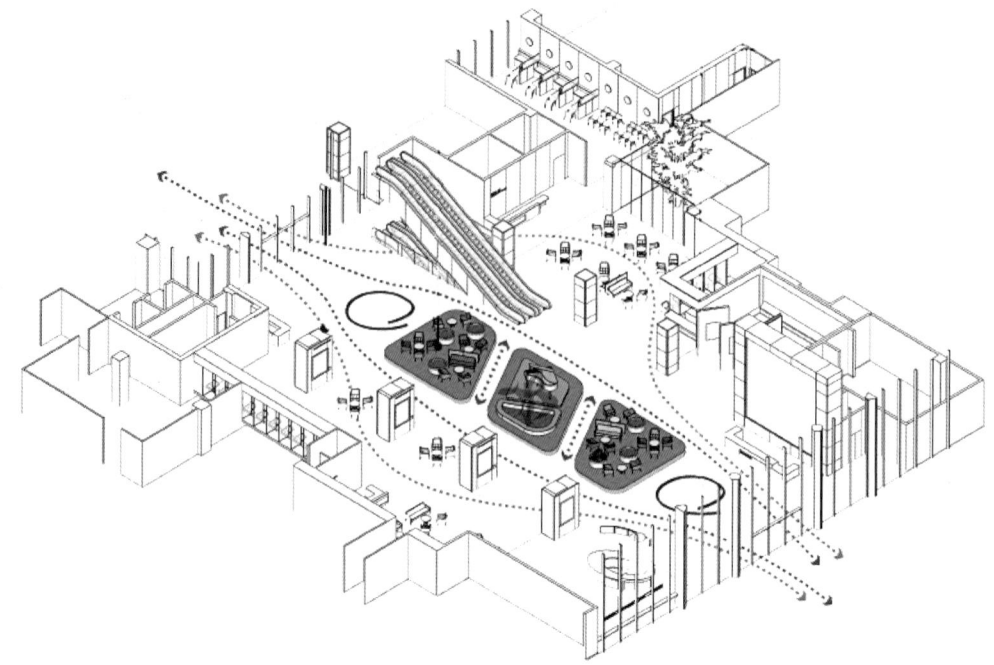

图 3.1.1 深圳某医院艺术品空间"浮岛"的概念设计（绘图：陈亮）

20世纪90年代建设的医院往往着重考虑其功能以及使用者的便利高效而忽视对病患的人文关怀，这类医院设计以单一的浅色、白色调为主，这样的环境无形中加重了患者就诊时的焦虑心理，也给长期工作在其中的医护人员造成了心理负担，从而容易导致紧张的医患关系。2003年以后，伴随着国家对医疗基础设施的重视和医疗建筑自身的发展，医疗建筑的品质得到飞跃提升。这一时期，民营私立医院大量建设，它们更加重视医院的舒适感和人性化的关怀。

在设计过程中，设计师时常执着于功能性和美学的平衡，最后顾此失彼，变得毫无特色，但实际上不好看的设计往往也不好用。例如医院的接待窗口，应当以符合人体工程学的尺度来设计窗口的尺寸，并充分考虑残障人士需求，形成高低变化的台面，达到功能和美观兼顾的效果。再例如避免开敞环境下嘈杂的人群和拥挤的空间给病患带来不必要的心理压力。

天津生态城医院验血窗口的设计,虽然没有采用复杂的材料和绚烂的色彩,但是它合理的功能比例本身就具有一种和谐的美感,因为好用给人带来舒适安心的感受,让患者和医护人员有一个平等交流的空间(图3.1.2)。选用无框玻璃形式的隔断,既起到院感控制的作用,同时使人与人之间有目光上的交流,心理上产生微妙的认同感。吊顶和地面都采用常规材料做法,显得空间朴实亲切。通透的窗户把室外的景观绿化引入室内空间当中,良好的采光缓解了患者在抽血前的心理压力,为患者营造出轻松的空间氛围。我想这就是真正的医疗空间室内设计应该追求的价值所在,把握好功能性并结合一定程度的美学概念。

在做医疗空间室内设计时,介入整个建筑设计的阶段也是十分重要的。受制于国内的建设流程,很多建筑项目的室内设计阶段位于土建施工、一次机电安装之后,这就导致在室内设计方案确认后或进场施工时,会对原建筑的功能墙体或机电进行拆除,造成了工期时间的浪费和设备材料的损失。因此,正确的室内设计介入时间应该在建筑平面方案的确定过程中,或者将一次机电和室内设计的二次末端机电

图 3.1.2 天津生态城医院验血窗口设计(拍摄:金伟琦)

进行结合。这样就能很好地规避浪费问题。近年来，国家在医疗建筑设计中大力推行设计全过程和工程 EPC，对于完善统筹设计工程起到了一定的推动作用。

室内设计几乎贯穿整个项目建设的全过程，一旦建筑方案得到确认，室内设计方案就应该与建筑方案形成明确的匹配。如今医院业主的需求都比较细致深入，设计师应尽早与之沟通，以便能在方案前期阶段对项目有一个全面的把握，平衡好功能、形式等各方面。其中有一点至关重要，也是室内设计师往往忽视的环节，就是对于造价的控制。一个好的设计师应该通过设计来控制整个工程的造价，可以替业主节省很多费用。虽然设计费用在整个工程的占比大概只有5%，但它对整个工程造价的影响和控制起到决定性的作用。在造价控制的过程当中，材料的把控是至关重要的环节。专业的设计师应通过有张有弛的节奏感将材料进行合理的分配，杜绝满铺繁琐的形式。

材料本身是没有高低档次之分的，恰到好处地使用材料更为重要。医院设计中常用的材料，例如石材、地砖、树脂板、抗菌壁纸、涂料、铝板等，都有很广泛的应用。这些基础材料通过设计师巧妙的搭配，完全可以达到良好的视觉效果。所以好的设计绝不是一味堆砌价格高昂的材料。在医院设计中，材料的绿色环保是必然的要求，不仅装修时用的材料要达到环保标准，室内软装的窗帘布艺、家具也应一并作为考虑内容。

室内设计师在材料选择时运用丰富的色彩搭配，给医患心理上带来舒适感。设计师应把握色彩对人心理的影响和对空间的二次塑造。好的室内设计一定是配色和谐的，带给人美的舒适感。设计中色彩搭配是一门深奥复杂的学问，在现代室内设计中常运用"莫兰迪色"的配色，这个系列的色彩饱和度低，意味着在色彩中加入了一定比例的灰色，这使得颜色的质感增加，易产生静态的和谐美。医院空间中很适合这种柔和淡雅的灰色系，可以给病患和医护人员带来温馨舒缓的感受，一定程度缓解了医院内紧张压抑的气氛。

我在设计某血液透析中心室内空间就采用了暖灰色调的统一色系做搭配和协调，营造出一个安静雅致的治疗环境，减轻血液透析患者的心理压力。

医疗空间设计时要避免一个错误的认知，就是认为所有材料都要耐消毒、耐擦洗，在实际应用时，对材料的要求按区域有所不同。例如大厅、医疗主街或一些候诊的公共区域，与普通的公共空间要求接近；对于病房、诊室和一些特殊候诊区，它的耐擦洗要求相对高些；而手术室、医学实验室等特殊功能用房等，会有更高的洁净要求。因此，医院内不是每一个空间都要做到使用全洁净全消毒材料，而是应根据空间使用要求和规范级别，做到适可而止。

医院设计时往往会预留可供交流的休憩场所，比如说下沉广场、咖啡厅和一些绿化空间设计等。这里不仅可以接待病患，病患家属、医护人员在此也可以缓解精神压力（图 3.1.3、图 3.1.4）。

图 3.1.3　河北某医院下沉广场效果（绘图：陈亮）

图 3.1.4　北京某医院患者、医护休息区实景（拍摄：金伟琦）

国内医院的建设在近二十年一直处于高速发展时期，但仅仅是数量上的增长，距真正质的飞跃还有很大发展空间。随着国家政策的要求和人们不断增长的健康需求，未来医院的建设可能会更具人性化，体现出特定的专属性，会针对不同的人群对象定制，如针对妇幼、中老年等，针对各种特殊疗养类、康复类疾病等。

苏州某医院项目是位于阳澄湖畔的民营二级医院，为园区内的养老院提供完善的健康服务，在设计过程中我们在原有建筑设计基础上增加设计 4 个庭院，使一二层的空间均有自然采光引入，其中病房区增加一个采光中庭，光线从一层到二层一直照射到护理单元，病患可以感受到光线抚慰，身心变得更加舒适、放松。同时，医护人员通过中庭玻璃隔断可以观察到对面的病人活动情况（图 3.1.5）。

在设计过程中，我们注重室内空间与景观和建筑的关系，结合苏州地区独有的文化和自然气候，将多个天井安置于建筑内部。得益于

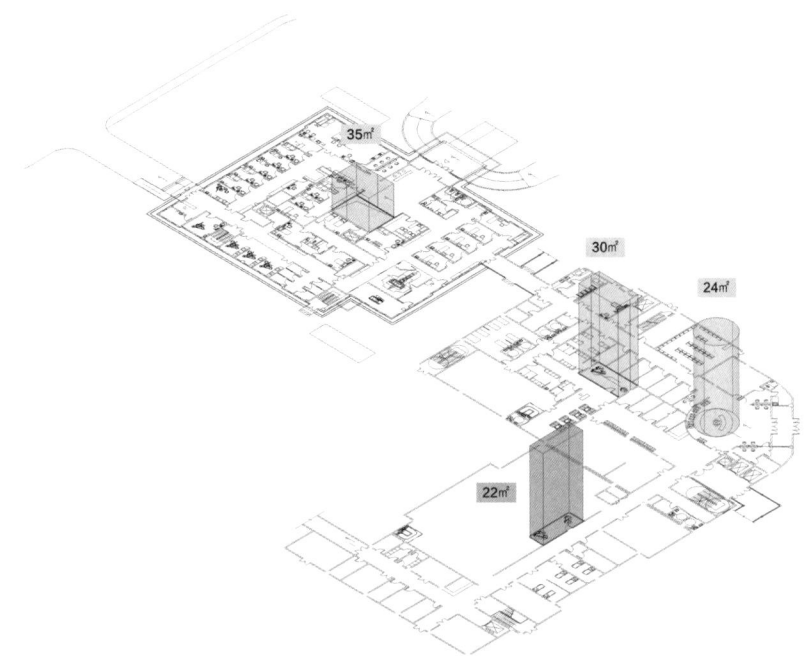

图 3.1.5　苏州某医院平面图（绘图：叶星）

图 3.1.6 苏州某医院实景（拍摄：金伟琦）

建筑的体量，各个空间的使用者，都能够通过天井感受到室外的自然环境。室内天井直接连接室外空间，下雨时，雨水落入天井，使用者在建筑内能够听水、望水、感受水，亲密地与大自然接触，这是最好的安抚情绪和身心的方式，也是医院空间通过设计给病人带来的心灵疗愈（图 3.1.6）。

在信息化时代，未来的医疗公共空间设计可能随着就诊方式的改变而改变。很多就诊需求在网上就可以完成，例如网上预约挂号取代现场排队挂号。而人类对于医疗空间美的追求会不断提升，打造美好的环境和生活也将是人类不断追求的目标。设计师更应该关注在设计过程中如何灵活地运用设计手法把握材料和色彩等各种元素，创造出功能形式俱佳的医疗空间，把美转换成社会价值。

3.2　体验式设计不可少

"对于妇产医院改造这个项目，在述标前，我想说一下设计方案的形成过程。虽然我不是患者，但我陪产过，在医院的病房中整整住了3天。这3天让我真正从产妇的角度了解到医院建筑的方方面面，当一件事情，换位思考之后，往往人的视角就不同了，这种体验式的设计就是该方案的出发点。"这是在北京某妇产医院病房楼改造项目的一个评标会上，我在述标前所说的话，给在场的每一人都留下很深的印象，该项目后来也有幸中标。

3.2.1　情怀与挑战

通过这个项目，我深入了解医疗空间设计不应仅仅停留在"纸上谈兵"的理论中，应该切实地感受病患的真实需求和应用场景，这样才能真正做到设计的"以人为本"。因此每次的主要项目，我都会尽量实地体验病患需求，并与一线医护人员进行深入地交流，了解各科

图 3.2.1 北京某医院建筑实景（拍摄：贺敬）

图 3.2.2 北京某医院室内中庭手绘效果图（绘图：陈亮）

图 3.2.3 北京某医院中庭室内实景（拍摄：贺敬）

室不同需求，这也是做好医疗空间室内设计的必要过程（图3.2.1~图3.2.3）。

3.2.2　肯定与否定

现在，医疗室内行业内提出最多的理念非"以人为本"莫属，然而在实践过程中，"以人为本"经常变成了"以领导为本""以设计师为本"，反而忽略了"以患者为本"。医疗空间室内设计的理念应是脚踏实地、始终以患者需求为中心。医疗建筑设计的功能性是第一位的，这一点是肯定的，但它不是唯一重要的，只机械地关注功能性的设计思维应该被否定。

"功能至上"对于医疗空间室内设计来说是一个初级阶段，因为这是一个设计师应达到的最基本要求，但凡有医疗建筑设计经验的设计师基本上都能满足这一要求。在此前提下，从患者心理、行为模式以及建设管理的角度来考虑人性化设计，才是设计师应该花费更多精力去研究的内容。很多设计师在这方面的积累还有所欠缺，因为这需要设计师不断地体验感受病患的真实需求，能够在甲方提出要求前就已经了解他们的需求，同时还要提供更有前瞻性的想法，这是室内设计师所要追求的更高层次目标。

医疗空间室内设计要比外立面设计更为重要，因为，患者来到医院后，绝大部分时间都是处于建筑内部，挂号、就诊、缴费、取药、住院等都要在室内完成；而对于建筑的外部形象，患者更注重可识别性，他们最为关注的是如何尽快地找到医院并就诊然后迅速离开。

由于建设方认知的不同所导致的建设理念的差异在设计实践中体现得淋漓尽致。在某公立医院项目中，建筑外立面被关注的程度非常高，最后往往忽视了室内设计这个环节，建设方觉得"差不多""能用"就行。而民营医院项目中情况则恰恰相反，民营医院的管理者更

表 3.2.1　公立三甲医院各类用房面积比例（制表：周亚星）

医院各类用房占总面积比例（公立综合三级医院）				
区域属性	面积比例（%）		空间特征	
门诊部	15	1.5	科室护士站及等候区	儿科门诊、内外科综合门诊、妇产科门诊、骨科门诊、口腔门诊、疼痛门诊、眼科门诊等快速高效的空间氛围
		13.5	科室诊室	
急诊部	2.5	0.3	急诊大厅、等候区	空间较为封闭、人流相对集中
		2.2	急诊诊室、抢救室、输液观察室等	
住院部	32	3	出入院办理、护理单元护士站	人流相对较少、空间相对安静
		29	病房、ICU、EICU、CCU 等	
医技科室	29.5	2.5	科室护士站及等候区	超声科、内镜中心、血透中心、检验中心、科学实验室、综合手术中心等多数空间需要净化、抗菌等功能
		27	科室诊室	
保障系统	10	—	大厅、医疗主街等	空间较为开敞、人流量大
行政后勤管理	6	—	办公室、会议室、报告厅等	医护人员使用空间，患者很少到达，简洁、安静的空间
院内生活	5	—	餐厅、厨房、洗衣房、设备用房等	强调空间使用的功能性

表 3.2.2　民营三甲医院各类用房面积比例（制表：周亚星）

医院各类用房占总面积比例（民营综合三级医院）				
区域属性	面积比例（%）		空间特征	
门诊部	17	2	科室护士站及等候区	VIP 门诊、儿科门诊、内外科综合门诊、妇女健康中心门诊、整形美容门诊、口腔门诊等快速高效的空间氛围
		15	科室诊室	
急诊部	1	0.2	急诊大厅、等候区	空间较为封闭、人流相对集中
		0.8	急诊诊室、抢救室、输液观察室等	
住院部	38	3	出入院办理、护理单元护士站	人流相对较少、空间相对安静
		35	病房、ICU、EICU、CCU 等	
医技科室	26.5	3	科室护士站及等候区	影像科、超声科、内镜中心、血透中心、检验中心、病理试验区、科学实验室、手术中心、日间病区等多数空间需要净化、抗菌等功能
		23.5	科室诊室	
保障系统	9	—	大厅、医疗主街等	空间较为开敞、人流量大
行政后勤管理	5	—	办公室、会议室、报告厅等	医护人员使用空间，患者很少到达，简洁、安静的空间
院内生活	3.5	—	餐厅、厨房、洗衣房、设备用房等	强调空间使用的功能性

为重视室内设计。出现这种现象的原因：一方面，因为民营医院的体量一般都比较小，而且以改建项目居多，通常是对原有的其他用途的建筑进行改造，将重点放在室内设计上是理所当然的；另一方面，民营医院的市场定位、服务品质、价格都必须要适应市场规律，要以市场为导向来对投资进行判断，所以民营医院更加关注患者需求，只有满足了客户的需求，才能为企业带来可观的效益（表3.2.1、表3.2.2、图3.2.4、图3.2.5）。

比如国外某些发达国家的医院，从建筑外表上看起来往往都是简洁、现代的，进到里面之后人们就会发现，室内空间设计得非常细致，而且特别重视患者的就医流程与服务体验，这是很多去过国外医院的参观者的普遍感受。鉴于此，建设方在投资的分配上应该有一个适当的调整，将更多的精力、资金用在为患者提供服务和关怀的方面，将建设观念真正地转到"以患者为本"上。

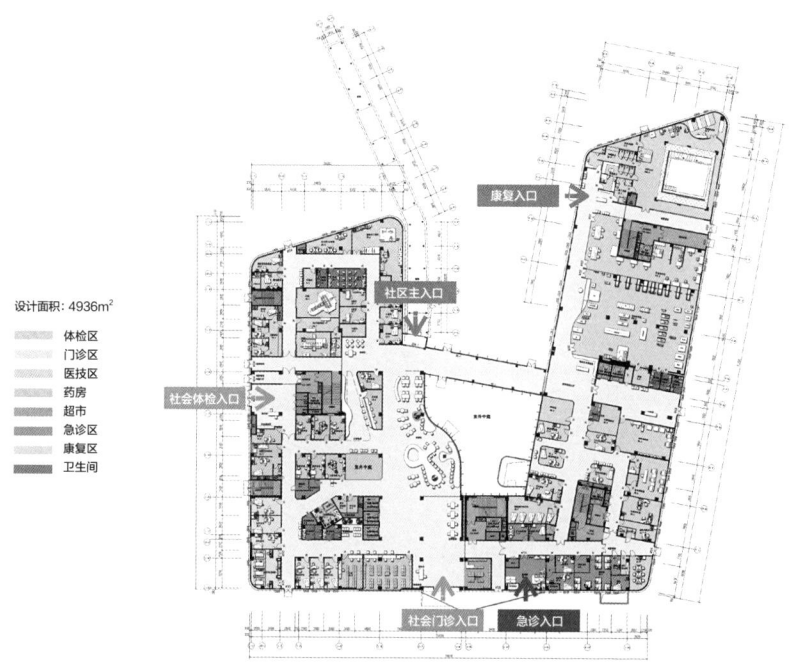

图 3.2.4　长沙某民营医二级院平面图（来源：叶星）

图 3.2.5　长沙某民营二级医院实景（拍摄：金伟琦）

3.2.3　标准与要求

对于商业建筑空间的室内设计，除了注重功能性和舒适性之外，大部分设计师都会通过各种设计手法来表现不同的风格，表达个人的情感追求，因为商业建筑需要更加引人注目的空间和形体上的变化以给人留下深刻的印象和体验感。而医疗空间的室内设计需求却大相径庭，优秀的医疗空间室内设计一定是追求均衡性的，这就对设计师综合设计能力提出了更高要求（图 3.2.6、图 3.2.7）。

判断设计均衡性的好坏，应遵循以下几点标准：一是要让患者无论走到哪里都能感到舒适、便利；二是对所有材料和色彩的选用都恰

图 3.2.6　芬兰帕米欧疗养院（绘图：陈亮）

图 3.2.7　美国克里夫兰医学中心（绘图：陈亮）

如其分，让人感觉到亲切温馨；三是必须严格控制造价，确保成本得到有效管理。

　　理想和现实总是有差距的，没有不遗憾的设计艺术。当我们去医院参观的时候，关注较多的往往是建筑造型、公共空间；当转变成患者来亲身体验后，特别是住院患者，最关注的是病房内的环境以及设施。我们关注的，可能并不是患者关注的；患者关注的，往往是被我们忽略的。所以，室内设计师更应重视体验式设计。在设计项目时，我会安排设计师亲身体验，到北京市的医院中去体验挂号、接诊、住院等各个流程，将发现的所有问题一一记录并汇总，研究出相应的对策并在以后的设计中加以改进，为未来医院设计做好依据和设计实践。

3.2.4 未来与跨界

作为室内设计师，应不断开拓创新，同时也需要对这个行业的未来发展进行思考。伴然着地产行业下行，虽然室内设计行业外行人看起来光鲜亮丽，但实际上仍停留在传统思维模式中。未来，随着 AI 技术不断发展完善，人们通过网络自助就能完成设计，室内设计趋势将弱化设计的共性表达，转而强调使用者的个性和本质需求，从而使设计回归其纯朴的本质。

随着人们对室内设计的了解越来越多，中式、美式、欧式……这些表象将变得越来越不重要；各种思潮的更新换代也会加速。适合的即是最合理的。为了适应将来可能发生的变化，设计师更要关注相关行业发展的新进展和趋势，不能只关注本领域内的建筑室内设计，要站到一个更高的视点和平台上，看看其他专业的人都在做什么，无论是艺术、体育还是商业，都会对设计师的专业发展有促进作用，因为设计是一项综合性的工作，而非专一性的，充分了解和把握行业当前的最新进展与前沿动态，有助于设计水平的提高和竞争能力的提升，从而在将来适应整个行业的不断发展，拓宽未来的发展道路。

3.3 医疗空间室内设计要点

世界上有这样一个地方，它洁白纯净、冰冷严肃、每个人都穿白衣戴口罩，它是记忆中的梦魇，但又是每一个人从生到死几乎无法逃避的地方——那就是医院。医疗建筑作为功能最为复杂的公共建筑之一，承载了人们的欢笑、喜悦、伤痛、悲哀、痛苦等世间诸多复杂的情感。它既是医护工作者为之奋斗，体现医者仁心的工作岗位，也是患者治疗身体或者心理疾病的港湾，更是亲人或欢笑或悲鸣的场所，所以医疗空间室内设计是最集中体现人类行为、意识、情感、人文的空间。

各种疾病给人类自身健康发展带来了新的考验，无论我们的文明科技发展得如何迅猛，突发的公共卫生事件瞬间就能摧毁所有成果。在未来我们也将长期与各种病毒共存，健康医养将成为全球共同关注的话题，因此医疗设施的建设会持续更新。为了能够面对突发医疗事件，一些城市临时搭建应急医疗设施。这种应急设施建设成本与常规医院建设成本相差无几，但是使用年限很短，性价比不高。这种短期临建的医疗设施，往往无法达到正规医疗设施的运行水平，因此我们应做好长期规划，不能头痛医头，脚痛医脚。现阶段，随着增量放缓，全国具有一定人口规模的城市都将进入新一轮对既有医院的改造大潮中，医院建筑设计规划都将进入一个新的建设周期，医院建设中的室内环境设计作为重要环节也将得到空前的重视与发展。

我在中国中元国际工程有限公司工作期间，有幸跟随医院设计领域的领军人物全国工程勘察设计大师黄锡璆博士，以及一批非常专业的医院建筑设计团队配合工作。在实践项目中我深刻理解到，室内设计对于医院整体建筑设计的重要性，室内空间可以真正成为联系医生和患者沟通的空间平台，是体现人性化关怀和对生命的敬畏尊重的载体。我们要建设符合现代医疗流程的医院，不仅要考虑良好的医疗环境和空间效果，还要保证安全性，这包括工程建设的安全合规性、医务人员工作环境的安全舒适性，以及病患就医时避免二次感染的保障措施。同时，我们还要追求经济合理、性价比高，确保医院运行高效节能、绿色环保。以上为医院建设的基本原则，这些原则很好地平衡

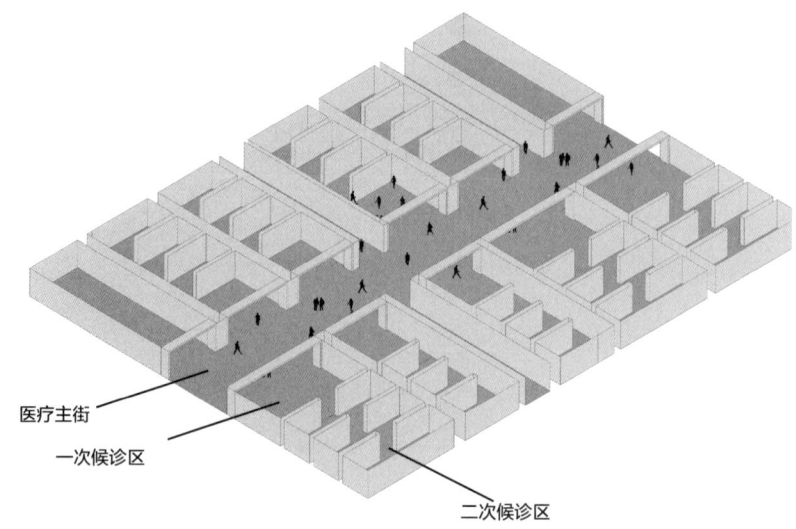

医疗主街
一次候诊区
二次候诊区

图 3.3.1　医疗主街示意（绘图：代亚明）

了设计环节需要考虑的各方面问题，是医疗空间室内设计不可或缺的基本指导原则（图 3.3.1）。

通过以往项目实践的体验，深刻感受到医疗空间室内设计与一般的公共空间和私宅设计完全不同，具有其专业特殊性。第一，医院功能流线的复杂性，一般综合三甲医院有 30 多个科室，这些科室不是独立存在的，相互之间要有关联，设计时还要考虑医生和患者的流线减少交叉，同时确保人员及医疗用品与污物流线互不干扰，以及考虑院感控制等诸多环节。第二，医院空间多变的灵活性，例如北京协和医院从 20 世纪 20 年代的 100 多张床位发展到现在的 2000 多张床位。医院的建设会随着时代和技术的变化快速做出调整，随着各种仪器设备的变化以及国家建设规范的调整而不断改造升级。第三，多专业及学科交叉的庞杂性，医疗空间室内设计涉及到的专业比较多并且要了解各个科室所用设备的尺寸特点和对结构机电的要求，医院室内多专业的综合汇总图往往都是由室内专业最后落地收尾，既要满足最后的使用美观效果又要平衡协调好所有相关专业的设计要求，需要设计师具有整体把控相关专业的能力和知识储备。第四，设计需要充分考虑能耗，医院建筑能耗几乎是所有公共建筑里能耗最高的，由于医院需要 24 小时开放，所以机器设备需要 24 小时不间断运行，因此医疗空间室内设计要充分考虑节能环保、绿色运行。第五，也是最为重要的一点，就是各个环节设计的安全性，比如设计空间装修材料安全性要有符合医院防火等级的耐燃性，施工安装的材料在相应的抗震等级下不易脱落伤人，有放射线检查的空间要有适合的材料屏蔽保护患者等。

医疗建筑种类丰富，有门急诊楼、病房楼、体检中心、保健中心等，各种专科医院还涉及如儿科楼等多种类型的建筑单体，还有些大型综合医疗中心包括以上所有内容，所以医疗室内设计其实涉及的建筑种类是极为复杂的（图 3.3.2）。虽然医疗建筑类型多样功能复杂，但通过归纳整合，医疗室内空间大致分成以下四类：第一是医疗公共空间，包括公共大堂、中庭以及门急诊出入大厅、住院大厅等；第二是串联各种医疗功能区的交通空间，包括医疗主街，通往诊区、检查区、病区的通道走廊等空间；第三是医院内的等候空间，包括候诊区、

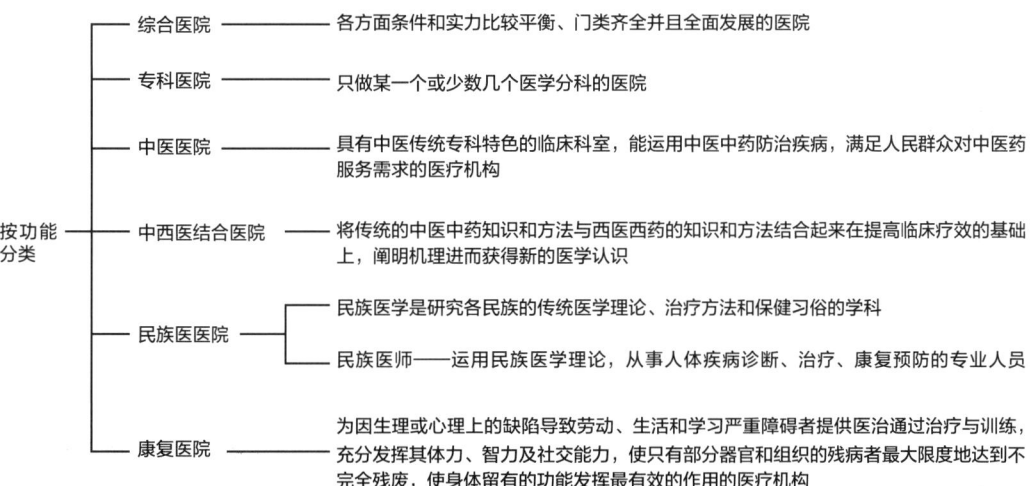

图 3.3.2　医疗机构分类
（资料来源:《医疗机构管理条例实施细则》）

药房、挂号、咨询的等候区等等；第四是医疗诊疗空间，包括医技科室和门诊部的各诊室以及护理单元区域（包括病房及护士站）等。

3.3.1 医疗公共空间

医疗公共空间，是患者进入医院的第一功能空间，它起到信息提示、引导分流等一系列重要作用，引导大家迅速进入交通空间或者其他功能空间，是人流量较大的地方，也是医院形象建设的门面，所以在室内设计时往往最为优先考虑，包括造价的投入都会倾斜。

以北京某医院门诊、急诊楼的大厅设计为例，入口大厅原设计方案为4层通高，后期根据建设方要求把大厅通高增加到9层，并且加入了玻璃采光顶，取得了良好的空间视觉效果，让人进入大厅瞬间感受到室内设计带来的空间氛围。但是这也付出了改造的代价，首先，电梯数量的增加，以及建筑通高层数的改变给建筑结构带来的调整。其次，通高层数的增加带来了室内消防系统的改变，引起了空调、照明等各机电专业设计的连锁调整。最后，医院投入使用后，发现由于空间的改变，大厅内噪声分贝较高，每天早上挂号时总是人声鼎沸，嘈杂的声音充满整

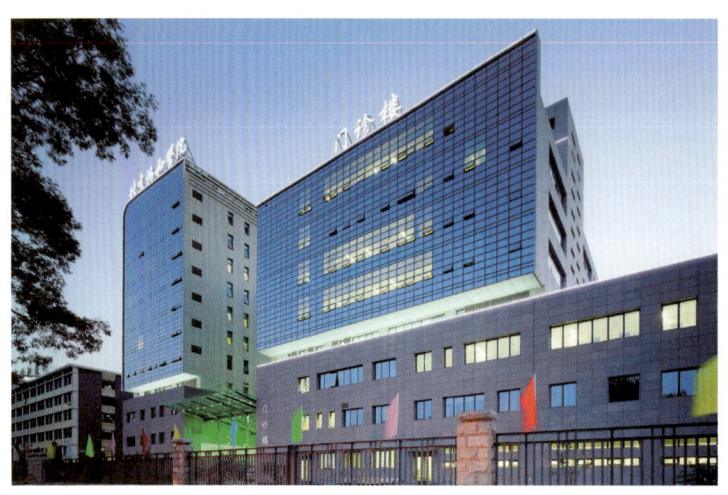 

图3.3.3 北京某医院门诊、急诊楼大厅实景（拍摄：周若谷）

个室内大厅，极大地降低了室内环境品质。后经过现场测试发现问题在于整个大厅顶面和立面大面积采用光滑硬质的玻璃、石材等材料，而有肌理感吸声材料面积无法满足吸声要求，所以出现了这种情况，经过室内设计与声学设计两个专业统筹调整才改善了这一问题。

可以看到，要想获得超出预期的效果不仅是室内设计的调整，更涉及相关专业的改变以及工程投资的增加，正所谓牵一发动全身，因此医疗空间室内设计要适度，要在满足使用功能的前提下保证空间效果（图3.3.3）。

医院的大厅、中庭不仅要解决医疗空间的使用功能，更应该注重给患者带来极强的心理感受，在大厅内增加适当的自然采光和让人舒心的绿化景观都会给医护人员和病患带来心理上的舒适感。北京某医院由于院区场地有限，缺乏亲近自然植物的活动空间，其在高端病房楼室内设计时考虑增加了多个立体的室内中庭花园，并且赋予其不同的自然主题，患者仿佛置身在室外的自然空间中（图3.3.4、图3.3.5）。此外中庭花园的设计也起到很好的隔离作用，使整个护理单元区域分成几个组团，有效地对护理病房进行分区，便于管理。

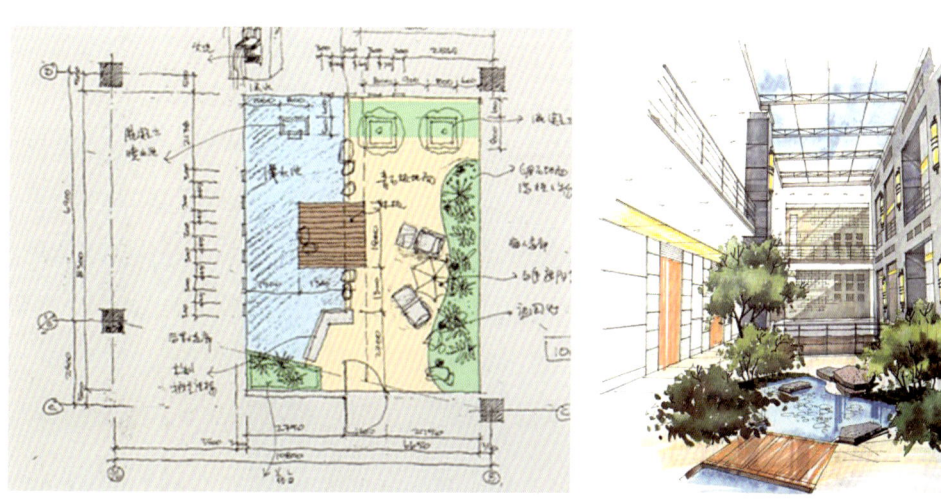

图3.3.4　北京某医院室内中庭手绘设计效果图（绘图：谷建，陈亮）

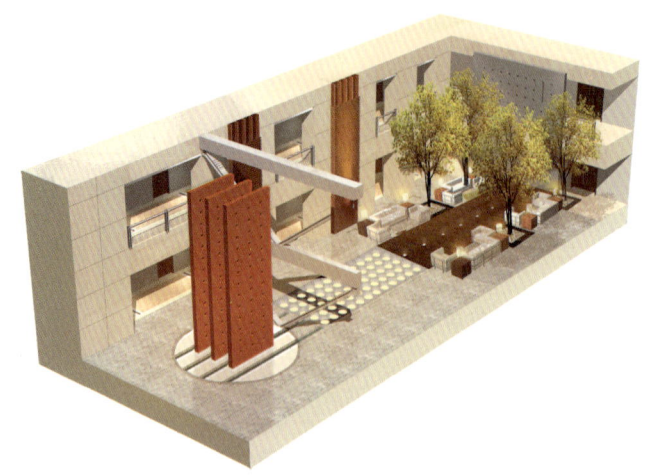

图 3.3.5　北京某医院室内中庭轴测效果图（绘图：陈亮）

我们在进行医院设计时容易陷入一些误区，一是对医院内所有空间都严格按照院感控制的要求来设计，缺乏人性化设计，产生令人不适的负面影响；二是设计师缺乏医院设计的整体概念，把医院设计成酒店或者会所风格，造成后期院感管理的不便。因此应把控好医院室内设计效果，区别对待不同空间，进行分级设计。医院的公共空间相对比较开放，适于大量人群集散，空间效果可以丰富一些。适当营造温馨舒适的环境、搭配艺术品陈设或容易养护且无过敏源的植物和花卉，可在公共区域内设置咖啡厅和临时舞台表演区，让公共空间充满人文气息。

近些年来由于互联网技术和医院智能信息化系统的逐步完善，很多患者会在手机端完成挂号预约等环节，有效地减少了医院非必要性人流量。同时信息化系统有效地优化了挂号、候诊、取药等一系列等候时间，减少了人员的聚集。因此未来大型医院的公共空间会逐步减小甚至其功能会被分散，改为直接对接科室，减少中间交通环节，有效地节约时间、空间。传染性疾病爆发时，很多医院内都发生了人传人的情况，我们之前强调的感染分区、院感控制等引以为豪的设计环节都暴露出设计和管理运行上的短板。因此，很多医院不得不将原本开放的公共空间进行分隔，划分出不同区域以避免交叉感染，并加强体温监测等措施。这无疑是对未来医疗建筑和室内设计提出的新要求。

例如去年刚刚竣工投入使用的北京某大型三甲医院病房楼就是面向未来的发展方向进行设计。由于地处北京中心区域，建设用地面积有限，建筑面积约 4.5 万 m^2，因此对不必要的医疗空间进行适当地面积压缩。其中大厅面积为 566m^2，两层通高约 7m，面积虽然不大，但是功能布局合理，除了常规的人工服务窗口外，增加了大量的自助设备，可以有效地缓解排队人流以提高效率。大厅和交通空间的主街、走廊紧密连接，可迅速分散患者去往不同区域，在主街和重要交通节点设置了多个岛状接待区，有效地解决了患者过于集中的问题。

3.3.2 医疗功能区的交通空间

串联各种医疗功能区的交通空间，包括医疗主街，医院的主干道，以及各诊室通道、走廊等空间。这些功能空间就相当于医院内的"脉络"，它串联起整个医院的功能空间，让医院内的各种人群通过该空间到达其相关功能区。交通空间分为水平方向和垂直方向两种，如何减少病患在该空间范围内流程，增加流量的便捷性是设计师应该重点关注的环节。之前很多大型综合三甲医院在设计时习惯通过把空间体量做到极致，满足各种情况下的人流使用。昆明呈贡新区医院在当时设计了近百米长的医疗主街串联门诊、急诊、病房楼等主要功能区，其中主街 3 层高，宽度为 24m，局部最宽处达到 30 多 m。结合当地气候，医疗主街空间内部采用自然通风方式，栽种适合当地生长的植物以调节室内空间小气候。在近百米长的主街上有多组垂直交通核心筒，把从各个大厅进入的病患迅速导流分散，主街内分段设置了休闲区，内有咖啡、水吧等设施，方便病患及家属等候休息（图 3.3.6、图 3.3.7）。医疗主街是医院交通组织的"大动脉"，在医院交通空间设

图 3.3.6　昆明呈贡新区医院医疗主街效果图（绘图：陈亮）

图 3.3.7　昆明呈贡新区医院景观连廊剖面设计方案（绘图：陈亮）

计中极为重要，因功能综合多样，可适当进行分段处理，多采用自然光、绿化植物或艺术品进行设计点缀，丰富狭长沉闷的空间。

交通大厅，与公共空间和规模大些的交通空间结合，这种集约型空间更能有效缩短交通距离，节省面积，有效利用空间，节约投资造价。刚竣工投入使用的河北中西医结合儿童医院改造工程就是压缩交通大厅的平面尺度，采用弧形形式环绕串联三个功能大厅（图3.3.8~图3.3.11）。由于该项目是改造工程，因此设计时结合现状平面功能因

图 3.3.8　河北中西医结合儿童医院室内外实景（拍摄：楼洪义）

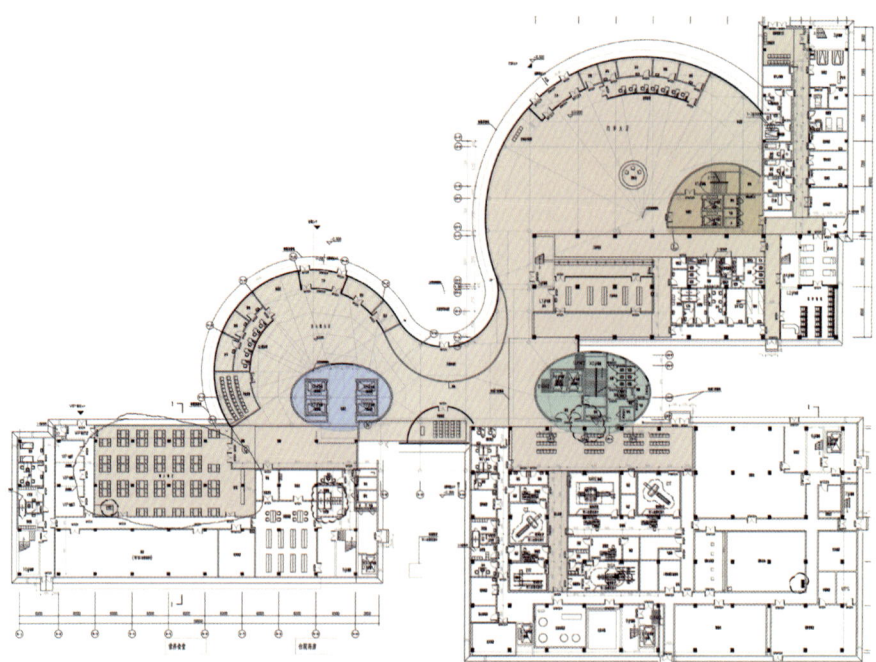

图 3.3.9　河北中西医结合儿童医院平面图（绘图：张凯）

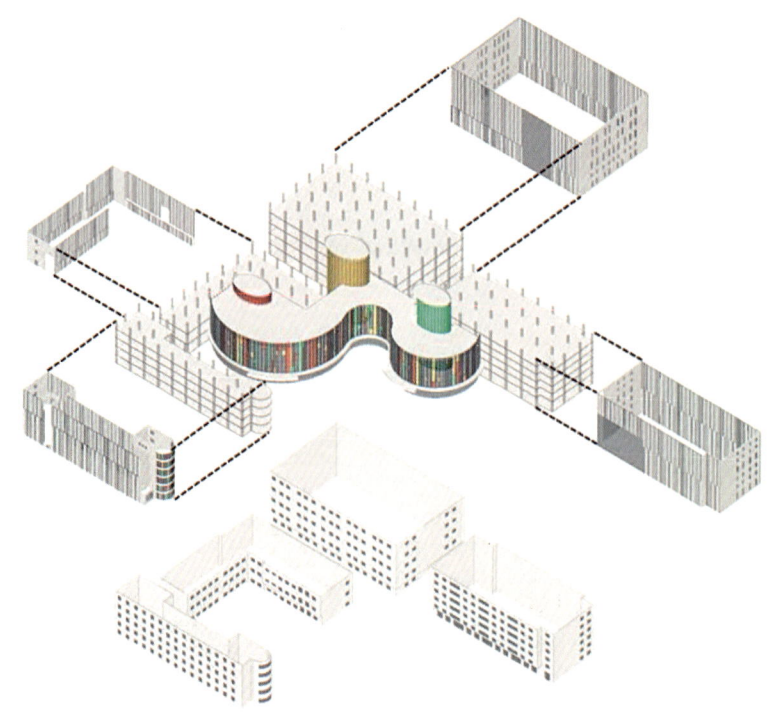

图 3.3.10　河北中西医结合儿童医院建筑轴测图（绘图：张凯）

图 3.3.11　河北中西医结合儿童医院景观设计方案（绘图：张凯）

地制宜，将入口大厅和交通空间结合，采用弧形平面把三个原有建筑连接到一起，形成造型独特的综合性大厅。大厅立面采用彩色玻璃幕墙，既有很好的视觉效果，又起到良好的采光作用，给前来就诊的小患者和家属营造出活泼、轻松的就医氛围。原有的三栋建筑外立面局部变成了交通大厅的一部分，并且每栋楼的交通核心筒区域采用与外幕墙一致的彩色玻璃，形成室内外空间一体化设计。投入使用后，该项目功能合理紧凑、运行良好，并获得了当年"中国十佳医院室内设计"的荣誉。

医院交通空间的诊室通道、走廊等空间也是医疗建筑非常重要的空间组成部分，在设计时不仅要考虑使用功能和院感控制，还要充分考虑人性化的关怀。从细节品质入手，充分考虑人的行为和心理，例如在狭长的通道和走廊应有节奏地进行分段设计，内预留休息区，宜在 20~30m 范围设置座椅，便于病患随时休息。由于人群使用量大，通过空间内建议选择经久耐用且具有抗腐蚀性的材料。另外该类型空间一般处于各个功能区之间，普遍采光性比较差，因此设计师应充分考虑利用人工照明和透光隔墙等手法营造出开敞通透的空间。交通空间还应注意标识导向的设计，以达到高效衔接候诊、大厅、门厅等功能空间的作用。

3.3.3 医院内的等候空间

医院内的等候空间，包括候诊区、药房、挂号、咨询等的等候区，这些空间是病患聚集、停留时间较长的空间，大量人群聚集容易导致交叉感染。因此在未来的设计中，这些区域应设置隔断分离或者进行分区处理。这些区域有一部分被包含在公共空间和交通空间中，比如药房、挂号、咨询等区域，还有一部分是相对独立的空间与交通空间串联，如各个科室的候诊区。

随着医院信息化系统设施的完善，可通过手机 App 查询等候情况，因此等候区的空间设计可以适度开放，但在挂号、出入院、药房、咨询办理窗口等区域应采用局部隔断，在保证病患隐私性的同时也有效地保障了 1m 以上的间距，有效控制交叉感染（图 3.3.12）。符合医

图 3.3.12　北京某医院出入院办理台实景（拍摄：金伟琦）

院的院感，大家对人与人之间的距离更加敏感，注重设计细节、保证设计品质，成为今后医疗室内设计的新要求。

候诊空间的一次候诊区应具有公共开放性和便于识别性，而二次候诊区容易聚集病患产生交叉感染、等待的焦虑心态，从而激发医患矛盾。可以在一次候诊时根据叫号系统对候诊人群进行分区，适当增加活动隔断分散人员座位以及应用多屏障分隔措施，采用透明材质或者半开敞隔断进行分隔。在二次候诊前应安排预诊空间，对病患进行初步询问和安抚，通过合理引导病患进入诊室，使他们在空间转换中缓解紧张焦虑情绪，为进入诊室就诊作好心理准备。同时还能有效减少医患矛盾，降低交叉感染的风险。

3.3.4 医疗诊疗空间

医疗诊疗空间包括医技科室和门诊部的各诊室，它们与护理单元区域（包括病房及护士站等）在整体医院建筑空间的占比较高，是医生患者互动、治疗的空间，具有通用化和标准化的特点。对于此类空间的平面设计都有详细的设计规范和具体要求，有时由专业医疗流程设计公司作为三级流程的内容来设计平面布局。由于这些诊疗功能空间量大且设计时可进行标准化处理，因此比较适合现在国家大力推广的装配式设计。很多应急医院建设都是采用集装箱形式的装配式设计，建筑室内材料都是工厂生产、运抵现场后安装。今后装配式设计将会快速、大规模地运用到医院建设中，尤其是在医院诊室、病房护理单元等易于标准化的室内空间中应用（图3.3.13）。

装配式近几年在室内装修工程中运用的已经比较成熟，随着未来人们对医疗健康的关注，医院建设的市场需求会逐步加大，对于提升建设的时间、标准会要求越来越高，而节约时间成本最有效的设计和施工方式就是装配式。随着各种技术、材料的不断升级完善，整间病房或者诊室护理单元、走廊等都可以通过装配式来完成施工。装配式

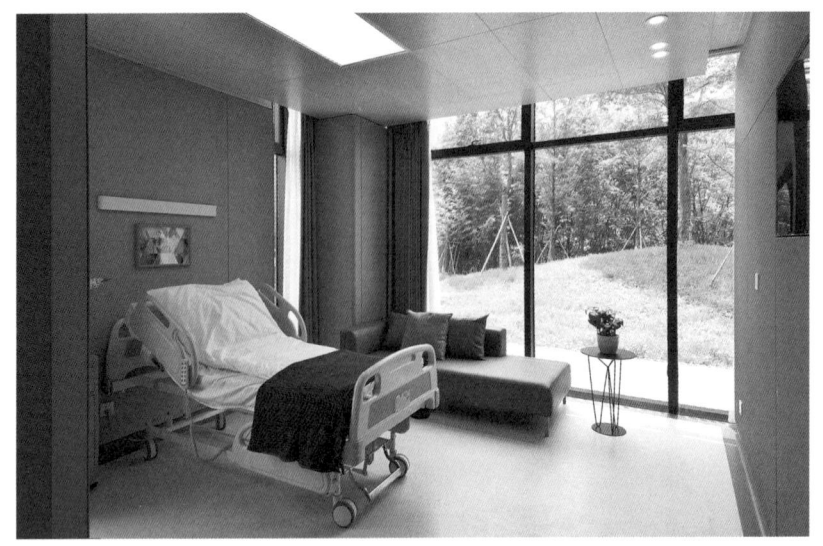

图 3.3.13 装配式病房实景（拍摄：陈亮）

设计具有很多的施工优势，不仅在新建建筑，还在现有医疗建筑的室内改造中有广泛的应用，可以与机电设备、饰面材料有更好的结合度，节省施工周期带来的效益足以覆盖成本费用。未来装配式医院室内设计必将大规模推广，这也是对室内设计、施工的一次革命性推进，将逐渐改变设计行业的格局和方式。

现在的传统护士站在设计时多采用开放式，这种设计看似人性化，能够使医护人员与病患面对面交流，但其实有巨大的安全隐患，大量的伤医事件都发生在护士站或诊室医生背对患者或者家属时。因此为了保护医护人员的安全以及避免感染，护士站的设计除解决护理人员工作必要的交通流线外，应保持医护人员面对病患的距离（仅在护士站远端预留无障碍台面即可），护理人员完全可以从护士站内走出来面对患者解决问题。护士站不应是接待服务台，而要给护理人员提供安全便捷高效的工作和操作空间。

医院的室内设计对从业设计师有很高的技术与标准要求。设计要满足使用者的需求以体现人性化的关怀。医疗空间室内设计受制于医疗功能和院感需求，功能空间、材质、色彩、灯光都应该从患者和医护工作者的角度去考虑并精心推敲，这才是医养建筑室内设计的真正精髓。

每一次医疗设施、社会意识形态的改变和提升，都会带来人类对自身生存环境的高度关注。随着科技的不断进步，以及 5G 网络和大数据的发展，人们的就医模式发生了巨大的改变，综合性医院的体量会有所减小和分解。物联网、3D 打印与药剂整合技术、大数据以及远程同步动作传输技术，改变了医疗的方式。因此，医院设计的未来发展变的是方式，不变的是超前的理念和前瞻的眼光。医疗室内设计作为医院建设的重要环节，必将有新的发展。

在全球化的今天，各国人类的命运都是息息相关的。中国医疗行业从硬件到软件都经得起考验，未来在医疗建设领域方面，一定是世界看中国！

3.4 用心设计、用爱呵护

室内设计是建筑设计中不可分割的重要组成部分，尤其在医疗空间室内设计中，它能优化、完善医疗建筑空间的功能，给医护工作者和患者带来使用上的便利和舒适。因此，室内空间是连接医护工作者和患者的平台，体现人性化关怀以及对生命的尊重，是建设符合现代医疗流程医院所必备的条件，也是医院安全、合理使用的保障。同时，在做室内设计的时候，我们必须充分考虑经济合理性，确保医院运行高效节能、绿色环保。

3.4.1 居住环境洁污隔离分区设计

医疗空间室内设计往往被认为专业性过强，许多设计理念和方法在相关的其他行业领域应用得不多。但实际上，医疗空间室内设计关注使用者的健康和舒适度，是所有室内类型之中要求最严格的。因此，做好医疗空间室内设计对于其他领域的室内设计具有很好的指导意义，尤其是在家庭住宅装修中，会带来更多新的设计理念和想法。比如医院防治院感的设计概念，就可以借鉴到居住空间中运用。医疗室内的健康设计理念是非常具有借鉴性的，对于人们追求健康美好的高质量生活来说，意义格外重要。

在借鉴医院污染隔离区的设置时，把这一设计点应用到普通住宅设计当中，比如在单元住宅的入口处设置独立的隔离空间，避免把室外污染带到居家的活动空间中。在这一区域内可以进行鞋子和衣物的更换，包括衣物的换洗以及卫生间的使用，有效地隔绝了外部环境对住宅内环境的传染。

3.4.2 护理单元设计优化策略

医院病房楼的室内设计中，护理单元是医护工作者和病患发生交集的区域，也是病患在其中进行康复疗养的重要空间场所。护理单元是住院部用房的主要组成部分，同时配备出入院接待、管理、医护人员工作及休息值班用房、治疗用房、药房以及公共服务设施配套等。

1. 护理单元用房配备

护理单元一般需配置的用房为：病房、抢救室；患者卫生间、盥洗室、浴室；护士站、医生办公室、处置室、治疗室、男女更衣室、医护人员休息就餐区或室，医护人员卫生间；库房、患者配餐或餐食二次加热间（可兼茶水间）、公共卫生间、污洗室等。

此外，根据需要可配备：患者休闲活动区、患者餐饮室（也可兼作活动室）、主任（医生）办公室、患者或家属谈话室、专门的探视用房、教学示教室等。

2. 护理单元平面布局

由于建筑造型和平面功能的差异，护理单元有多种布局方式，但最终目的都是便于医护工作者对于本护理单元内病患的监测和关照。现代综合医院的护理单元组合样式较多，并没有统一的形式，根据平面布局形式可以分为以下几种类型：第一种是"一"字形，这种类型较简单，两侧布置房间，中间有一条贯穿的走廊，南侧采光好，是病患住院、康复空间，北侧是办公区、护士站、示教室以及交通空间等其他附属设施。其走廊宽度一般不小于2.4m，要根据患者的人数配备相应的护士站（图3.4.1）。第二种是"X"形，由于建筑造型和采光的需求，平面较复杂，一般会设置多个护士站，形成多个护理单元相结合的形式，共用电梯厅和交通空间，这种核心筒式的布局，有利于公共资源的共享和充分利用（图3.4.2）。第三种是"回"字形，即双走廊的形式，一边走廊供患者和医护人员监护病患使用，另一边走廊是供医护人员内部使用，以中间核心筒为分割形成"回"字形。在空间面积合适并且有条件的情况下采用"回"字形布局，更有利于医患分离，避免交叉感染，而且便于交通疏散（图3.4.3）。此外，还有一些其他布局形式，比如"Z"形，把两个或两个以上的护理单元进行结合，其结合区往往具有交通核和后勤配套用房等功能（图3.4.4）。

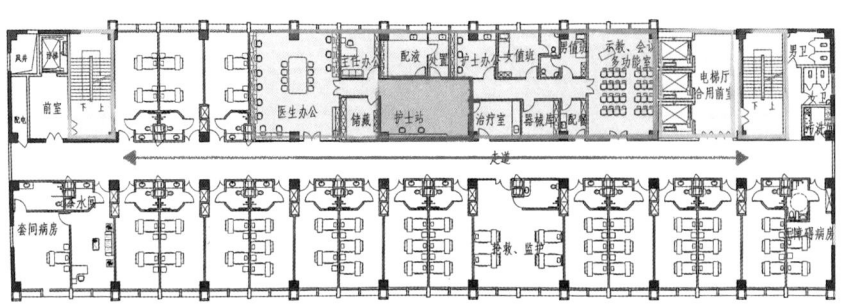

图3.4.1 护理单元"一"字形平面布局（绘图：叶星）

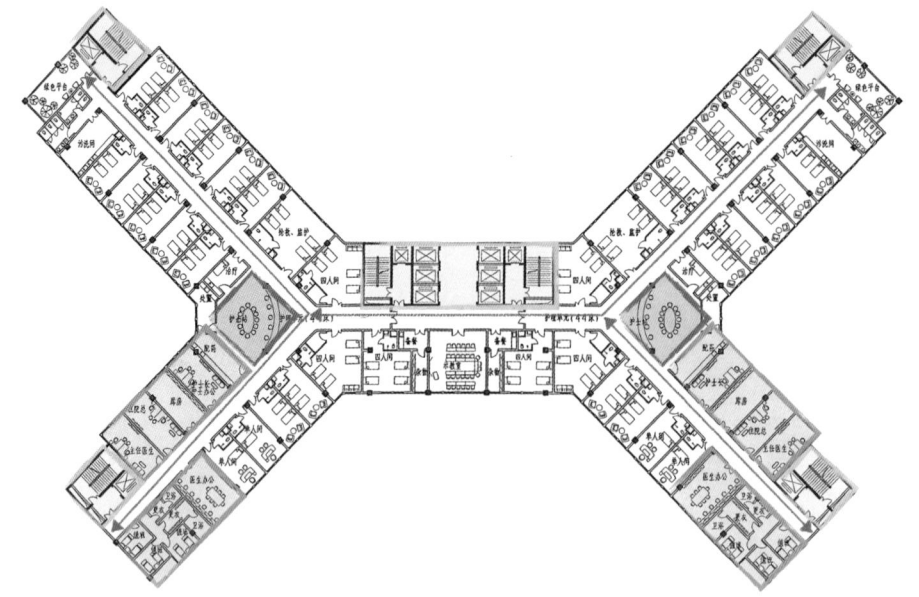

图 3.4.2 护理单元"X"形平面布局（绘图：叶星）

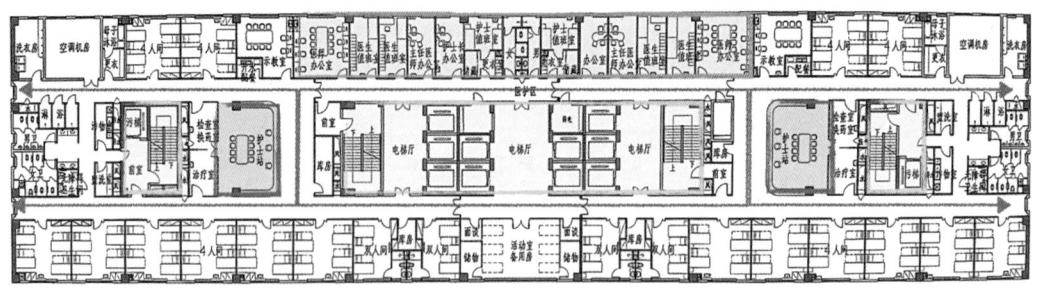

图 3.4.3 护理单元"回"字形平面布局（绘图：叶星）

3. 出入院接待大厅优化策略

病房楼出入院接待大厅是医疗护理单元区域中最重要的病患接待区，传统医院的出入院办理空间一般都采用开放性的设计，这种设计会产生人流聚集的问题，易交叉感染。对于突发紧急事件下所需人流分散、隔离检测缺乏考虑。因此合理分流以及分区是该区域重要的设计要点，要有明确的接待区以及病患之间的人群隔离区。可以通过适当的室内隔墙、家具，甚至是软装设计划定区域，让人流合理地分区分散。

图 3.4.4 护理单元 "Z" 形平面布局（绘图：叶星）

在接待区域，患者和医护工作者之间要设置全封闭或者半封闭的屏障措施。以前，大多医院都倡导宾至如归，笑脸相迎，因此减少甚至取消了很多的隔离屏障，让医护工作者和患者能够面对面、近距离地平等交流。但这种所谓人性化的模式对于医院的院感防控来说是不可行的。因此，为了保护患者的权益以及医护工作者的健康，设置隔离屏障是非常有必要的。这种屏障设计可以通过室内设计来进行材料和造型上的优化，避免产生冰冷的割裂感和隔绝感。比如迪拜购物中心的医疗中心，使用特殊材料的隔离纱帘进行分区隔离，既保护了病患的隐私，同时也避免了交叉感染（图 3.4.5）。在护理单元的公共接待区，我们也应该考虑设置临检过渡空间，并且要尽量开阔，便于进行相应指标的检查。护士台内部医护人员要设置防护的洗手台、消毒台，便于防护消杀（图 3.4.6），以保证医护工作者的健康，同时也要

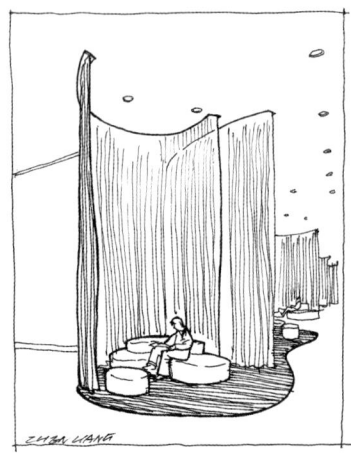

图 3.4.5　迪拜购物中心医疗中心
（绘图：陈亮）

图 3.4.6　临检过渡空间（绘图：陈亮）

充分考虑内部的轮班，保证医护工作者获得良好的休息。通过室内设计的方法和手段，能够有效地减少甚至避免病患的交叉感染，这是室内设计在医疗功能设计中重要性的体现。

4. 等候功能区设计优化策略

病房楼护理单元区域经常有患者家属探视，所以家属等候区的设计也是医院设计中非常重要的环节。在普通病房等候区的设计中，我们应该考虑以下几点：第一，非探视时间段人员进出的安全问题。如今，很多医院都采取了强制性的隔离措施，非探视时间段一般不会轻易让家属进入护理单元的病房区，或者采取定点定时探视的方式。第二，对于探访人员的身份的验证。现在虽然是信息化、智能化的时代，但是很多护理单元的病区探视，对于探访人员还是仅靠"望闻问切"来区别和落实家属的身份，无形中增加了安全隐患。因此，在智能化医院的设计中，家属探视这一环节应采取相应的管理措施。第三，探访人员缺少等候和隔离区。由于医院的面积相对紧张，很难给探视的家属和病患留出专门隔离交流区域，很多医院甚至是家属直接进入病房进行探视，这样会给同住的病患带来很大的安全隐患，因此，应该充分考虑在护理单元的附近设计病患家属接待交流的区域。第四，增强病患隐私和安全保护。现在很多医院住院的人流量较大，病房设计都是两人间甚至多人间，这样对于家属的探视和病人的病情隐私保护都是不利的。室内设计师在进行设计的时候，在这几点上要充分考虑。

比如，为了解决病患的探视和信息交流问题，在部分护理单元的访客电梯厅区域，设置来访者等候区，由专门的工作人员进行管理，探视的家属在这里等候病人出来，有效减小感染的概率。探视区可以设置在核心筒、电梯厅的等候空间，面积 $20m^2$ 左右，就可以保证探视交流的使用需求（图 3.4.7）。

5. 护士工作站服务台设计优化策略

在护理单元中，医护工作者使用频率最高的区域就是护士工作站，是护士进行病患监护、日常操作等工作的集中地。现在很多护士工作站采取开放式、与患者面对面交流的形式，但同时也增加了医护工作者的安全和隐私风险。在医护关系紧张的情形下，医护人员的人身安全往往得不到保证，很多医闹事件发生的地点都在护士工作站。另外，

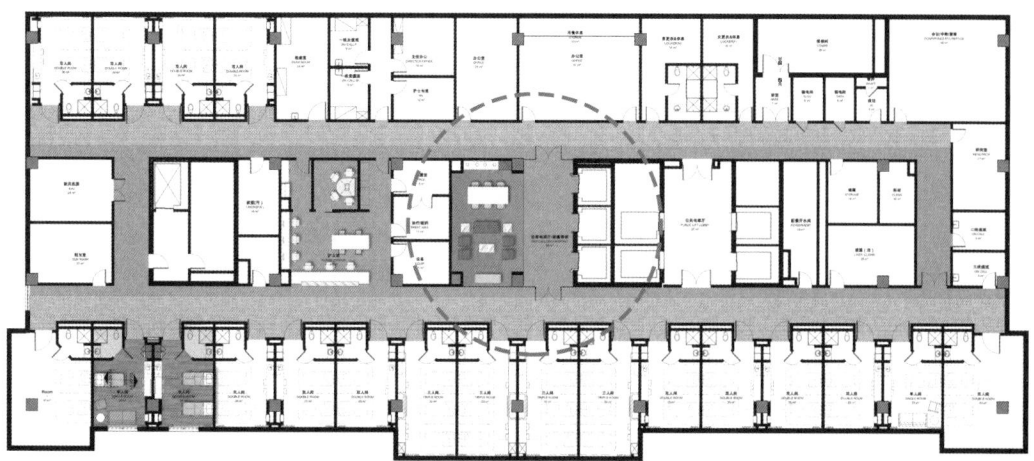

图 3.4.7　优化后的探访动线（绘图：陈亮）

很多护士工作站的设计看似非常人性化,设置了无障碍台面,但实际利用率非常低,而且也并不好用。在设计实践中我们要注意适当地考虑无障碍设计,同时考虑医护工作者自身的隔离和安全,还有护士工作站的医护区缺乏必要的防护和隔离,容易产生交叉感染的问题。医护人员需要更高效的操作空间,因此,护士工作站设置的位置要充分考虑,使医护人员到达每一间病房的距离适中。同时对于治疗室和其他科室的位置,都要做好充分的考虑和规划,要从医护工作者的角度来考虑优化这些使用功能区。

护士工作站的优化设计策略,主要有以下几点:第一,提高护士工作站服务台面高度。对于室内设计师来说,有责任在未来的设计中着眼医患关系和院感问题,适当增加护理人员与患者、患者家属之间的距离。护士工作站可设置高低服务台,高台不低于 900mm,局部设置矮台,高度宜 750mm。为了方便无障碍患者进行交流,矮台设置的时候要在台面下要做内凹处理,保证使用轮椅的病患腿部能够放到台面下(图 3.4.8)。第二,扩大护士工作站服务台面的宽度。可以适当增加桌面的宽度,拉开距离(图 3.4.9)。第三,有效隔离、隐私

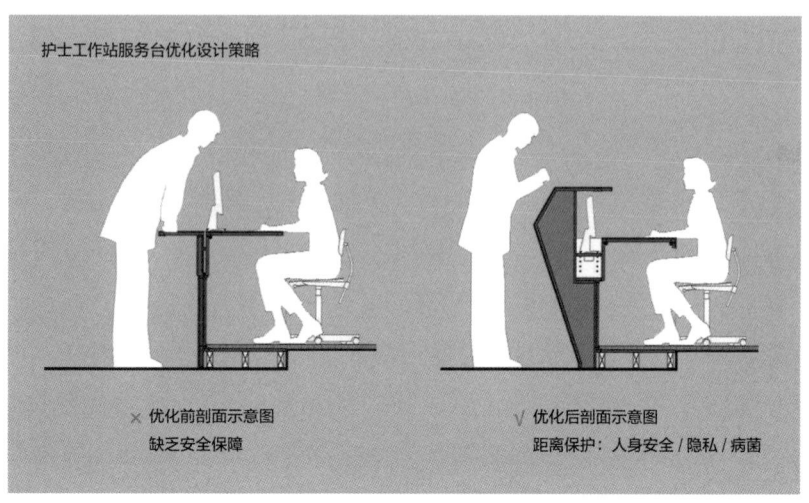

图 3.4.8　护士工作站服务台高度优化设计策略(绘图:陈亮)

图 3.4.9　护士工作站实景（拍摄：金伟琦）　　图 3.4.10　住院楼、候诊大厅隔断设计（拍摄：金伟琦）

保护。在住院楼或者候诊大厅人工办理手续的窗口之间应该设置隔断，既有效保护病患的隐私，同时也避免交叉感染的问题（图 3.4.10）。第四，在护士工作站内设置洗手台、清洁消毒区。与病毒长期共存的时代下，护理站应增加洗手台或清洁区，为医护工作者和患者提供方便的清洁、消毒服务。

6. 善用设计语言提升空间品质

首先，在建筑设计时考虑到室内要有充足明媚的采光，同时与室外的景观相结合，让病患感受到亲切宜人的自然环境。在可视的范围内，要适当点缀色彩鲜艳、温馨舒适的装饰画或装饰品，使患者放松心情。医疗槽所在的墙面在医护人员视线内，可以适当考虑采取一些舒适的颜色和图案来缓解医护工作者的心理压力。设计的优化是双向的，它不仅仅为病患考虑，也要充分考虑医护工作者的心理健康。在妇幼护理单元内，应充分考虑病患年龄和心理的特色，比如在颜色、光线等方面进行优化考虑，通过室内设计创造出优美的环境，使之更符合儿童的心理年龄或女性的需求，以保证病患拥有良好的心理状态，进而产生较好的疗愈效果，促进病人的身心健康（图 3.4.11~图 3.4.13）。

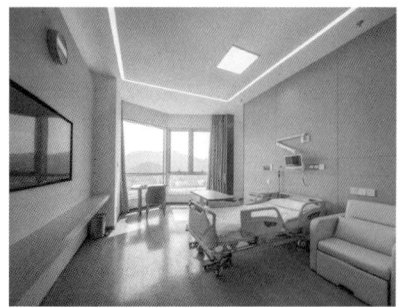

图 3.4.11　护理单元病房室内效果（绘图：金伟琦）

图 3.4.12　儿童候诊区设计（绘图：陈亮）

图 3.4.13　深圳前海某医疗中心候诊区（拍摄：金伟琦）

3.5 设计的同理心

同理心（Empathy），亦译为"设身处地理解""感情移入""神入""共感""共情"。泛指心理换位、将心比心，亦即设身处地地对他人的情绪和情感的认知性的觉知、理解与把握。同理心主要体现在情绪自控、换位思考、倾听能力以及表达尊重等与情商相关的方面。简单点说，就是站在对方的立场为他人考虑，把自己代入当下对方的情境中去，感受对方的所想所觉，进而再去表达和行动。

设计师在做室内设计的时候，往往关注室内空间的造型、表现效果以及灯光、色彩营造的氛围，而在医疗室内设计中更需要关注空间的使用功能、类型以及带给患者使用的舒适度。同时在医疗室内设计中，也要着重考虑医护工作者的使用效率和工作环境。医疗室内设计不仅仅是一味地做效果美化、色彩氛围烘托、艺术品材料装饰等简单的表面工作，更重要的是需要优化医疗空间中的使用效率，使之更加符合医疗环境功能及尺度的使用要求。因此，需要医疗室内设计师有很强的专业统筹能力，既能够从建筑、结构、机电专业的角度去考虑，又能从院方管理人员、医护工作者以及患者的使用便利度去考虑，站在使用者的角度，设身处地地去思考并解决问题。

把同理心引入室内设计的方式方法或认知当中，对于室内设计师考虑问题或者进行设计优化会有很大的帮助，它能够促进甲乙双方转换角色来思考问题，使双方产生共情，从而能够更容易地对事物达成一致的理解。我们在做工程设计的时候，往往都是站在对自己有利的角度和条件来考虑问题和要求对方。比如说业主想要质优价廉，少花钱多办事，设计师希望通过一个作品来完善和表达自己的设计思想和设计情感，而施工单位希望通过项目完成工程任务，在保证品质的同时获得效益和利润。因此作为建设方的各方主体，需求是不同的。因此在进行室内设计的时候，要充分了解各方的使用要求和心理状况，站在对方的角度去考虑问题，同时要带入特定的使用场景中去体验。比如设计师到护理单元空间中体验一下医护工作者的工作强度、状态，就能深刻体会到为什么他们需要这些房间，为什么要减少功能转换的路径，为什么要设置相应的隔离区域。这些只有设计师深刻地感受和体验以后才能了解到。

有时候设计师之所以无法理解一些老年人的行为方式，是因为缺乏体验和同理心。当设计师在做一些养老康复设施和老年公寓的时候，可以通过坐轮椅或用其他的物理方式模拟老年人的日常生活，感受他们身体运动机能，就会理解老年人的行为方式和心理变化。只有感同身受才能更容易产生共情，只有共情以后，才能真正地去了解和体会到各方的思想认知，从而更容易达到设计的合理性，设计出各方都满意和平衡的使用空间。不同于其他的室内空间要展现设计的个性和思想，医疗空间的室内设计是要真真切切关注医护医患的使用情况。因此在医疗空间室内设计当中，设计同理心的概念是非常有必要建立和值得推广的。

医疗建筑大师黄锡璆博士从五个方面提出如何营造良好医院环境，其中三点是站在患者的角度考虑的：第一，要建立符合现代医院的概念和流程。让患者一目了然地了解医院的功能分区，以最快的速度找到相应的功能区域，减少往返流程。第二，要营造良好的医疗环境。不仅是建筑的造型空间环境和景观的绿化室外环境，更为重要的是医疗空间的内部环境。从采光、色彩、照明、功能、交通以及舒适度、健康材料的应用等各个方面来营造温馨舒适的医疗环境，保证有一个舒适的康复区。第三，医院工程要保证安全性。在医院的建设过程当中，必须杜绝安全隐患。在使用过程中，医疗的材料要做到牢固、不能脱落，地砖等地面材料要做到防滑耐用，防止病人摔倒等。第四，从医院管理者的角度考虑，要做到经济高效。现在大型综合医院投资巨大、规模巨大，为了满足病患的使用，往往投资成本比较高，建设周期又很长。因此设计师在进行建筑室内景观设计的时候,要充分考虑医疗空间的特性和它独有的功能属性,尽量做到标准化、功能一致,要克制性地进行空间的设计。从某一个角度上来讲,过分表达设计师的个人思想,实际上是一种不负责任的表现。设计师应该站在它的功能使用的角度考虑,虽然在设计时会受到更多局限,但这样更容易设计出好的作品。第五,要做到绿色节能。这是对于可持续性发展的一个要求,也就是说要做到环保健康,同时在医院后期的运维中,要替投资方、建设方节省成本,保证医院的良性循环,能够更好地为患者提供健康舒适的治疗平台。从这五个方面可以看出,设计师就是要站在患者和医院管理者的角度去考虑设计问题,真正设计出让使用方满意和好用的医院,这就是对于设计同理心的应用(图 3.5.1)。

当人有了同理心的概念时,会更容易站到一个更高的角度看问题,来整体协调这件事情。因此,设计同理心对设计师丰富的经验和设计考量有更高的要求。医院中的功能相对多样和复杂,我们以医院护理单元的病房为例,体会设计同理心在医疗室内空间中的应用。我们在做医院病房设计时,要基于体会患者与医护工作者的设计同理心概念,结合医院的使用功能,从以下几点进行考虑:

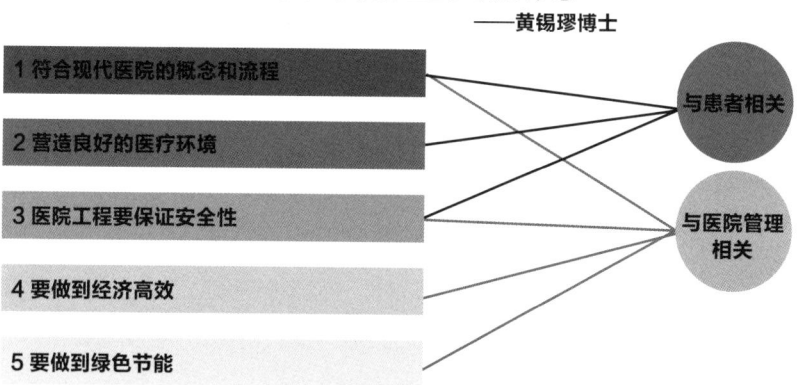

图 3.5.1　医疗空间五大设计原则(绘图:杨茜)

第一，增强患者的安全感和舒适度。在护理单元的病房区，使用对象是住院的病患，他们以治疗康复为主要目的。因此在做病房设计时，我们要站在这一角度去考量病患的生理和心理上的一些需求。比如单间病房更容易让患者有安全感和康复，不易交叉感染。现在我们很多的病房都采用两人间、三人间，甚至多人间。未来随着人口的下降和医疗设施的完善，以及医疗社区分层级治疗的普及，单间病房面积不一定过大，但是数量上是否可以有所增加？在病房的比例上，我们应思考是否能多预留出一些单间病房，或者对部分病房之间的隔断进行改善，避免病人的交叉影响，增加独属的空间安全感，从而更有利于病患的康复（表3.5.1）。

第二，优化整个护理单元病房区的布局能够改善我们的治疗效果，缩短病人的康复时间。为了保证病患的安全感，最大限度地设计单间病房，必然会对医护工作者的工作效率和工作强度产生影响。在这一点上，我们可以通过优化病房的布局来改善和提高效率。比如在病房和病房之间设置小型工作站，能够便于医护人员快速观察病患的状况，加强治疗的沟通，能够更准确、更有效率地治疗病人。在两个病房之间设置分散的护士工作站，确保每一个房间均被照顾到，同时提高医护人员的观察能力和使用效果，减少医护人员步行的时间，提升工作效率（图3.5.2）。

第三，提升患者及其陪护家属和护工的舒适满意度。很多情况下病患需要家属陪床或护工陪护，设计师应该站在患者角度，从同理心设计理念出发，充分考虑陪床床位的设计。家属的陪伴可以让患者减少焦虑感，尽快地康复。患者需要安静私密的环境，但医院是一个公共的治疗区域和场所，病人和其他陌生病人在一间病房时，病人在康复过程中会产生较大的焦虑感。让病患有自己相对独立的区域，会更好地消除他的焦虑情绪，达到尽快康复的目的。未来的双人、多人间病房可设计具有一定物理空间分割且能够灵活变化的隔断，以达到一定的私密效果。同

表 3.5.1 住院部病房面积比例汇总（制表：周亚星）

区域属性		病房类型比例(%)	病房面积				空间特征
医院类型	病房类型		病房（m²）	卫生间（m²）	储物空间（m²）	总计（m²）	
北方地区 民营综合三级医院——北京高博医院	病房（单人间）	5.17	30.42（85.3%）	3.8（10.66%）	1.44（4.04%）	35.66	住院部在综合医院的总面积中约占39%。公立医院病房类型以三人间居多；民营医院病房类型，北方以双人间居多，南方以单人间居多
	病房（双人间）	51.15	30.42（85.3%）	3.8（10.66%）	1.44（4.04%）	35.66	
	病房（三人间）	43.68	29.7（83.29%）	3.8（10.66%）	2.16（6.05%）	35.66	
民营综合三级医院——河北固安幸福医院	病房（单人间）	28.09	21（82.19%）	3.8（14.87%）	0.75（2.94%）	25.55	
	病房（双人间）	54.54	21（82.19%）	3.8（14.87%）	0.75（2.94%）	25.55	
	病房（三人间）	17.37	27.65（84.81%）	3.8（11.66%）	1.15（3.53%）	32.6	
公立综合三级医院——北京安贞医院通州院区	病房（单人间）	9.67	33.19（87.27%）	4.14（10.89%）	0.7（1.84%）	38.03	
	病房（双人间）	24.77	24.29（83.38%）	4.14（14.21%）	0.7（2.41%）	29.13	
	病房（三人间）	65.56	32.84（86.35%）	4.14（10.89%）	1.05（2.76%）	38.03	
南方地区 民营综合三级医院——深圳前海泰康国际医院	病房（单人间）	65.34	18.63（80.4%）	4.02（17.35%）	0.52（2.25%）	23.17	
	病房（双人间）	18.48	30.84（87.39%）	3.83（10.85%）	0.62（1.76%）	35.29	
	病房（三人间）	16.18	33.59（87.45%）	3.83（9.97%）	0.99（2.58%）	38.41	
民营综合三级医院——武汉某三级医院	病房（单人间）	45.11	20.18（80.91%）	4.12（16.52%）	0.64（2.57%）	24.94	
	病房（双人间）	42.85	25（83.58%）	4.25（14.21%）	0.66（2.21%）	29.91	
	病房（三人间）	12.04	30.36（85.47%）	4.16（11.71%）	1（2.82%）	35.52	
公立综合三级医院——梅州市人民医院	病房（单人间）	21.12	26.4（85.71%）	3.6（11.69%）	0.8（2.6%）	30.8	
	病房（双人间）	30.63	19.8（81.82%）	3.6（14.87%）	0.8（3.31%）	24.2	
	—	43.15	26（84.41%）	3.6（11.69%）	1.2（3.9%）	30.8	
其他病房类型	病房（多人间）	0.66	42.47（86.9%）	4.91（10.05%）	1.49（3.05%）	48.87	
	病房（套间）	3.2	41.4（87.71%）	4.6（9.75%）	1.2（2.54%）	47.2	
	病房（负压）	1.98	19.04（82.78%）	3.36（14.6%）	0.6（2.61%）	23	

时要做好每一间病房的隔声控制，不能让房间串音或对其他病房有影响。尤其是妇幼医院更应该关注这些内容（图 3.5.3）。

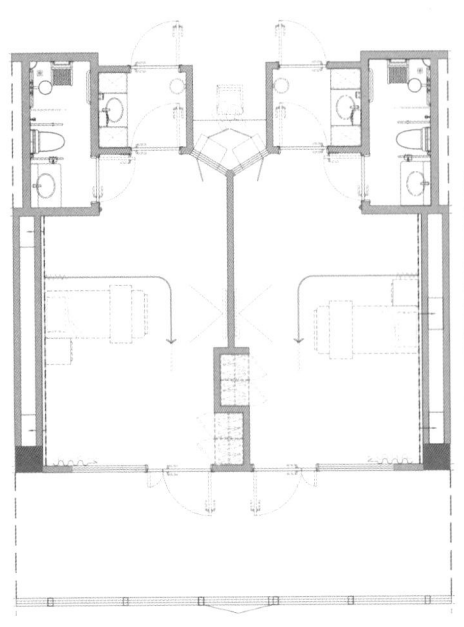

图 3.5.2 病房小型观察工作站（拍摄：金伟琦）

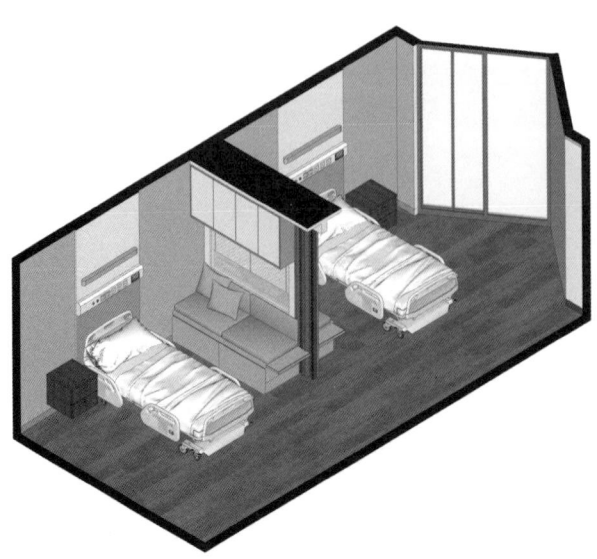

图 3.5.3 双人病房轴侧图（绘图：代亚明）

第四，提升环境舒适性以利于患者病情康复。设计师在做病房设计的时候，要充分利用户外的自然采光和景观环境来调节患者的心情，达到舒适的疗愈体验。为了让病患有更多接触自然环境和景观绿化的机会，需要充分考虑利用周边阳光充足的环境和环境优美的绿化或公园。同时也要考虑医护办公室，要有良好的自然采光和通风，以提升医生的工作效率，缓解工作压力。另外在病房的封闭空间内，可适当考虑增设一些让人放松的、色彩温馨舒适的装饰画或者艺术品，在一些局部的角落和细节中注入生活的气息，让病患产生心理的归属感，从而利于病情康复。在护理单元的公共区域，可以适当增加一些艺术品和陈设，不仅能够起到很好的标识提示作用，同时也让人心情感到愉悦和舒适（图 3.5.4）。

第五，充分考虑模块化、标准化的医疗病房设计。因为病房在整个护理单元甚至整个医院当中所占的比例都比较大，病房的类型也会有很多种，我们可以通过设计相应的、标准化的病房模块，给其他医院做借鉴和参考。比如南北方对医院采光的要求不同，我们考虑自然采光充足的病房，卫生间设置在进门靠走廊便于检修，南方则普遍将

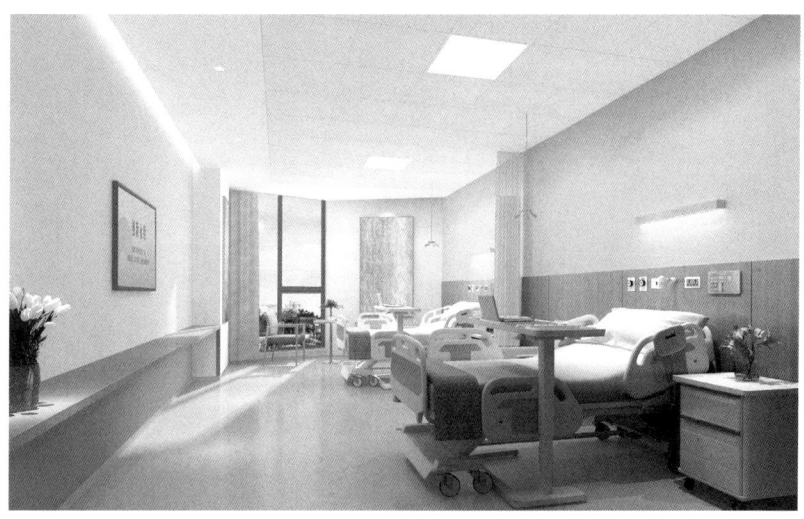

图 3.5.4　护理单元病房设计（绘图：代亚明）

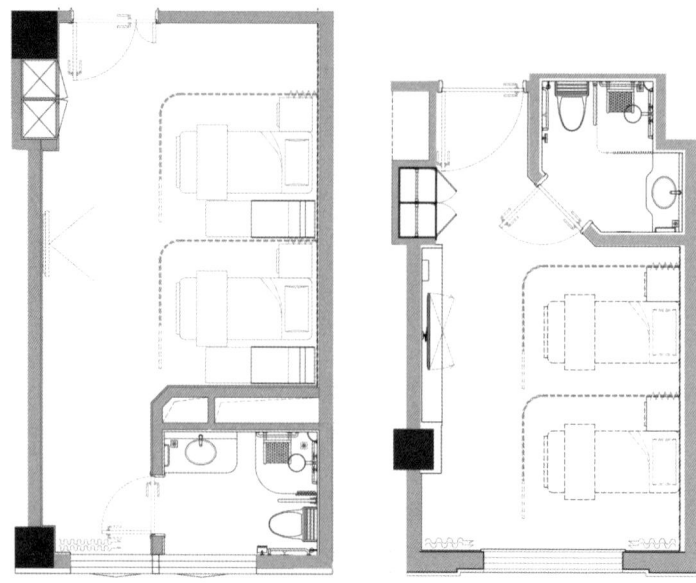

图 3.5.5　病房平面图（卫生间设置靠走廊、阳台对比图）（绘图：周亚星）

卫生间设置在靠近外窗和阳台的区域，使卫生间不容易有异味，而且使用比较舒适。这都是由其独特的地理环境因素和功能因素造成的。因此病房设计的标准化和模块化会提高病房的室内设计效率，利于医院建设的经济性的提升和工期的缩短（图 3.5.5）。

第六，站在医护工作者和患者使用的角度来考虑护理单元病房。病房如果设置得过大，病患在疗养期间可能由于行动不便，对上卫生间或进行其他行动产生困难。同时，病房卫生间内的布局一定要合理，让病人很便利地使用马桶或者洗手台盆等设施，而淋浴这种非必要功能，在设置的时候要经过充分论证。另外，要设身处地地站在患者的角度充分考虑卫生间功能流线上的安全性和防滑性，以及出现问题时的应急呼叫等功能。病床设计要考虑医护工作者每次查房检查病人所行走的路线，让医护人员能方便观察到病人。就近设置临时洗手消毒的区域，医护人员在给病人检查完后，可随时进行消毒，避免交叉感染（图 3.5.6）。

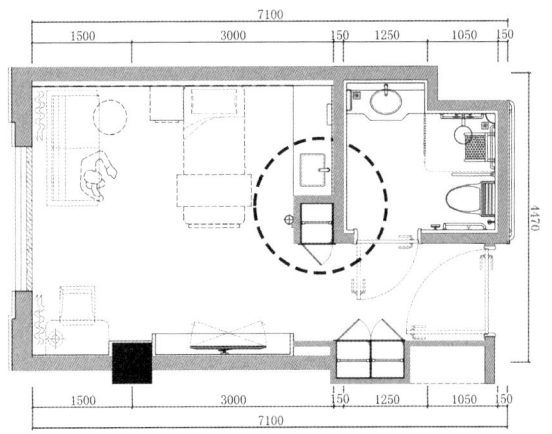

图 3.5.6　标准病房模块示意图（设置洗手消毒区域）（单位：mm）（绘图：周亚星）

第七，充分考虑病房空间内的智能化设计。很多患者躺在病床上，更需要情感和思想的交流，可以通过观看娱乐节目、视频聊天等方式，转移患者注意力，缓解焦虑情绪，有益于病情好转和减轻痛感。现在很多医院单间病房可以看电视或者设置相应的娱乐设施，但如果是双人间或多人间，则容易产生分歧矛盾。因此在智能化设计的时候，我们在充分考虑每个人需求的同时也要避免对其他人产生干扰。在未来，医院的互动智能化也是一个需要重点考虑的方面。智能化设备不仅仅可以给病患提供娱乐的功能，同时也能起到检测病人的生理和心理状态的作用，与护士工作站联动，提升治疗效果。

室内设计是一个系统性的专业，它包含很多不同的领域内容，而医疗空间室内设计是以理性为基础，要满足使用功能的需求，同时也要有感性的美学、意识形态等方面对空间的要求和品质提升，使患者得到心理疗愈康复，同时使医护工作者缓解压力。因此医疗室内设计不仅仅需要技术上的高标准和严要求，更需要有很强的沟通能力，而沟通不应该只是表达自己的观点，还需要有设计的同理心，与用户彼此共情，进行有效的沟通。因此设计同理心这个观点，对设计师在今后设计中会产生很大的帮助。

设计的同理心不是一味地站在使用方或者投资方、管理者的角度去迎合，而是要在满足使用功能、舒适性以及合理价值观的前提下，坚持设计师独有的美学和意识形态上的一些观点，这是设计师具有强大的掌控和协调能力的体现。能够设身处地地为别人着想，很好地为使用方或投资方提供设计服务，这也是设计师强大统筹能力的表现。希望从事医疗空间室内设计的设计师，能够了解设计背后的逻辑，让自己的设计作品不仅空间造型丰富、色彩集美感与舒适于一体，而且也能够满足实实在在的功能使用需求，提升工作效率，让整个建筑室内空间成为一个有机整体，真正地做到未来可持续发展（图 3.5.7~图 3.5.12）。

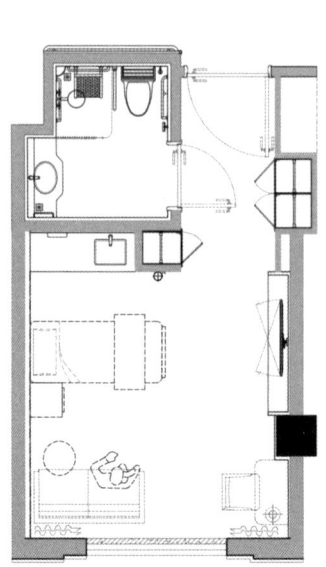

图 3.5.7 标准单人间病房模块示意图
（绘图：周亚星）

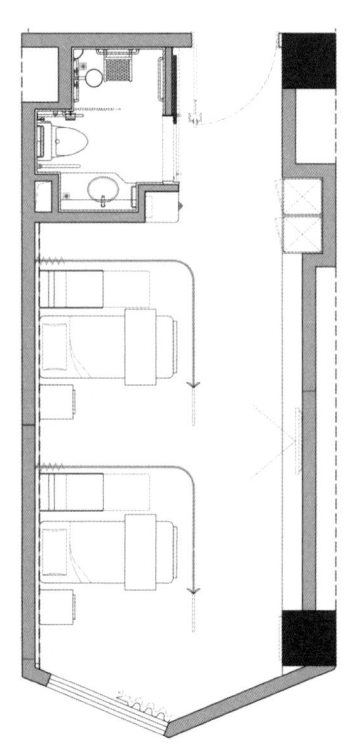

图 3.5.8 标准双人间病房模块示意图1
（绘图：周亚星）

第三章　医疗空间室内设计的策略与实践　97

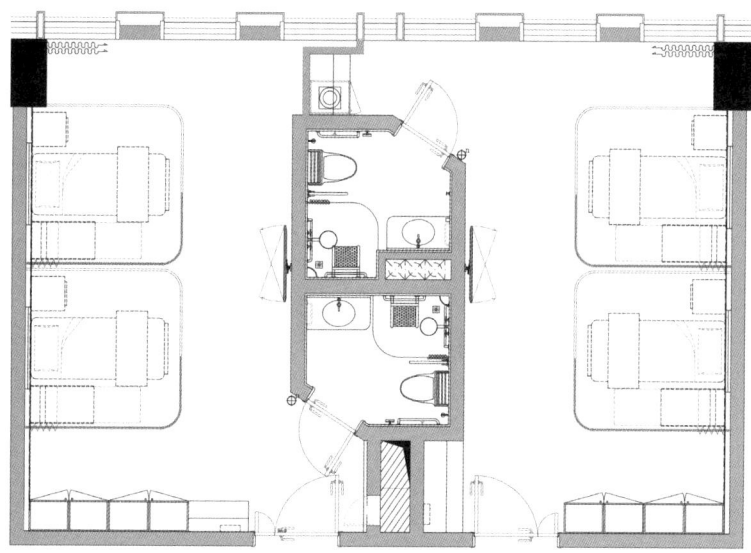

图 3.5.9　标准双人间病房模块示意图 2
（绘图：周亚星）

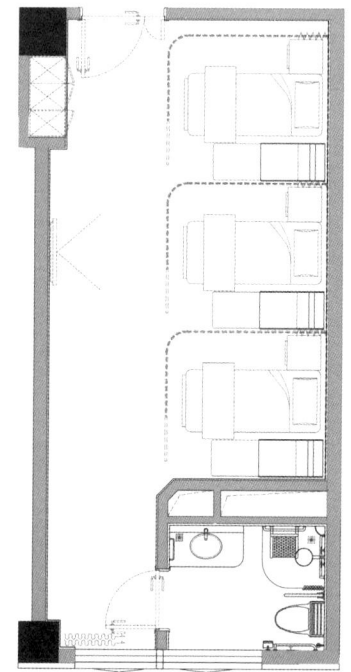

图 3.5.10　标准三人间病房模块示意图
（绘图：周亚星）

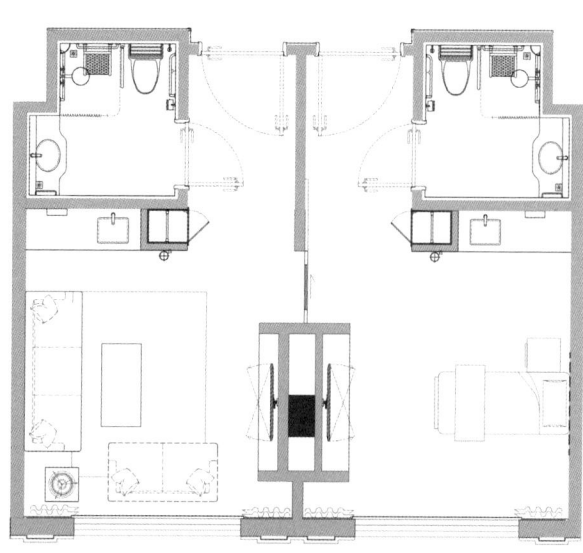

图 3.5.11　标准单人套间病房模块示意图
（绘图：周亚星）

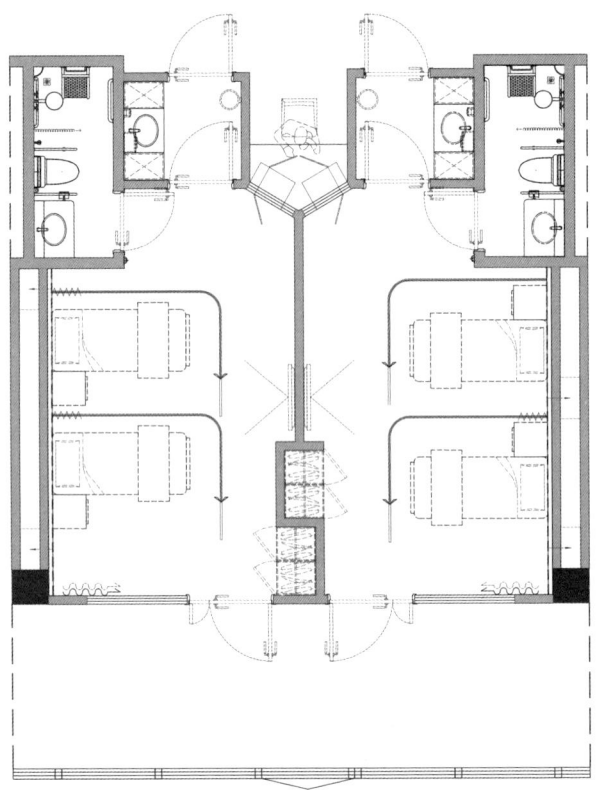

图 3.5.12 标准负压病房模块示意图（绘图：周亚星）

3.6 医疗空间中的色彩设计

  色彩在室内设计中起着转变或缔造某种格调的作用，会给人带来视觉上的差别和艺术上的享受。人们在进入空间的最初几秒钟内获得的印象百分之七十是对色彩的感受，然后才会去感知空间形体。因此，色彩作为人们的第一视觉印象是格外重要的，也是设计师重要的设计手段，同时是室内设计不可忽视的要素。色彩是一个非常神奇的设计要素，它会改变人们对空间环境的认知，强烈地调动人们的情绪，使人对于时空产生不同的感知、理解。

  那么色彩是如何形成的？物体表面色彩的形成取决于三个方面：光源的照射、物体本身反射一定的色光、环境与空间对物体色彩的影响。

光源色是由各种光源发出的光，因光波的长短、强弱、比例性质的不同而形成不同的色光，称为光源色。物体本身不发光，它是光源色经过物体的吸收反射，反映到视觉中的光色感觉，我们把这些本身不发光的色彩统称为物体色。色彩本身只是一种物理现象，但是人们却能感受到色彩的情感，这是因为人们长期生活在一个色彩的世界中，本能地感应着许多与色彩相关的视觉感受和生活经验。一旦视觉上的感觉经验与外来的色彩关系发生了呼应，那么就激发出了人们在心理上的某种情绪，这就是色彩能够调动和激发人们心情感受的一个很重要因素。

色彩的性质可以简单地利用色彩的三个属性来划分：色相、饱和度和明度。色彩的明度与饱和度会引起人们对色彩物理印象的错觉。一般来说，色彩的明度决定了颜色的重量感，暗的颜色给人以沉重、压抑的感受，而明亮的颜色会给人以轻盈、放松、舒心的感觉。饱和度和明度相结合也能产生色彩柔软或强硬的感受，比如淡淡的亮色就会使人感觉到柔软舒适，冷色调则会带给人强硬的感受，让人感受到一种冰冷的视觉和心理感受，那么这些都是色彩从视觉上给人们带来的一些影响和感受。

下面来谈一谈色彩对人们的心理环境和医疗空间所带来不同的影响。

3.6.1 色彩心理学

色彩对于人们心理的影响称为色彩心理学。色彩心理学是经由视觉、知觉再到形而上的感情、记忆、思想等，产生多样的应激反应。在艺术设计领域当中，色彩运用的比重更大。比如在电影艺术领域，著名的摄影师斯托拉罗（Vittorio Storaro）曾经说过：色彩是电影语言的一部分，我们使用色彩表达不同的情感和感受，就像运用光与影象征着生与死的冲突一样。中国电影界著名导演张艺谋创作的很多电影，都有极其明确和鲜明的色彩对比，让人一眼就能通过视觉语言了解电影的冲突、人物的正立面等。在电影中,他运用极致的色彩表现,突出其所带来的视觉感受,给人以强烈的心理冲击,从而使观众产生压迫感和心灵上的震撼(图 3.6.1)。而具有代表性的电影《布达佩斯大饭店》,则运用了红色、橙色、粉色等略带夸张的颜色,运用冷暖颜色变化,突出电影的主题,使其内容得到升华。这都是色彩对于环境的渲染、烘托和人们对生活认知的感受后产生的强烈共鸣(图 3.6.2)。

在色彩心理学中强调人的第一感觉是视觉,而对视觉影响最直观的则是色彩。色彩在客观视觉上是对人的一种刺激和象征,在主观上又是一种反应和行为方式。随着色彩和人类心理关系研究的深入,"色彩心理学"这个概念也应运而生。色彩有很强烈的情绪表达,色彩对人的心理活动有着重要的影响,特别是和人类的情绪有着紧密的关联。在这点上对于儿童的影响会更深,儿童用色彩表达自我时,能够反映出当时的情绪表达和心理状况。比如,红色代表着激情,象征着爱意,但是在医院领域当中,又代表着血液和刺激性的表现。因此在不同的环境中对于色彩心理的应用,产生的色彩心理反馈是不同的。比如,蓝色是一种冷静、舒缓、庄重、安全的颜色,但同时也表达了一种伤感。黄色代表了温暖,充满了能量,但是在某些人眼里又代表着警告和刺激。因此,根据文化、社会经验、宗教的不同,颜色对于不同类型的人群会产生不同的心理影响。

比如 19 世纪著名的印象派画家梵高,他的绘画作品充满了浓郁的色彩和强烈的对比,突破了传统绘画对于色彩的克制、融合和理性。他的绘画突破了传统、古典绘画规则的羁绊,纯粹地表达自己内心的感受和主观的强烈意识,因此其绘画色彩具有强烈的个人心理的情绪表达。通过梵高不同时期的自画像可以看出,他想要通过自画像来表达自身内心情绪的变化以及瞬间情感的捕捉。我想没有任何一个画家像梵高一样如此渴望表达自己内心深处的情感,这恰好也体现了他孤独、不被世人理解的心理状况(图 3.6.3)。梵高在不同的时期一共创

图 3.6.1　张艺谋电影中色彩的运用
（来源：张艺谋电影《红高粱》《英雄》《十面埋伏》
《金陵十三钗》剧情图片）

图 3.6.2　电影《布达佩斯大饭店》中的画面
（来源：韦斯·安德森导演电影《布达佩斯大饭店》剧情图片）

作了几十幅自画像，深刻地反映了其心理状况和情绪变化。最为突出的是每个时期反映他情绪的自画像的颜色均是不同的，有的是灰暗、阴晦、压抑，有的是在经历了爱情之后，颜色变得明亮、纯粹，充满了激情。当他在治疗期间出现亢奋状态的时候，画面的颜色又比较迷幻，甚至笔触也更加疯狂。所以通过他不同时期自画像的色彩变化，可以看出他心理的发展变化和精神状态。

他早期绘画所运用到的色彩和笔触都是比较深沉、压抑的，没有形成自己强烈的风格，在不断地学习和模仿中，逐渐形成了自己的风格。比如 1887 年《戴草帽的自画像》，能明显看出他受到了其他印象派画家的影响，通过纯粹的笔触排列的方式，把颜色罗列在画面上。梵高偏爱黄色，据说他身体状况愈下的主要原因是对于黄色油画颜料的偏爱（因为当时油画颜料的制作不像现在的工艺那么成熟，很多油画颜料是对身体健康有害的）。在 1887 年他病愈以后，由于家庭的变故，产生了深深的焦虑感，除了深邃的眼神、颜色的变化，憔悴的脸庞、压抑的背景也体现了他当时的情绪变化。在离开巴黎前一段时期，他的绘画作品色调则变得明亮起来，说明这个时候他相对轻松、舒适、

早期
深沉，给人压抑的感觉

戴草帽
1887 年受到印象画派的影响

1887 年病愈后
家庭变故带来深深的焦虑与不安

1888 年在巴黎的最后一张自画像，
色调更加明亮

1888 年前往写生
途中沉浸于自我的快乐之中

1888 年画给好友高更
精神不正常的形象展示

1888 年割耳之后
与高更吵架强烈的视觉冲击

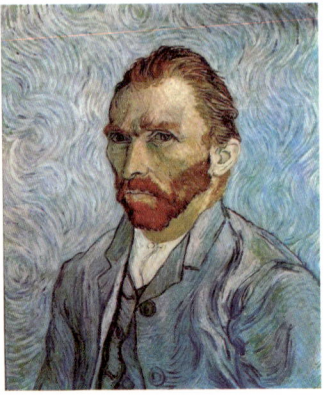
1889 年圣雷米医院治疗
精神亢奋的标识

1889 年最后一幅自画像
梵高希望死后被看作一个幽灵

图 3.6.3　梵高不同时期的自画像

（来源：灌木文化. 掌中艺术家：梵高笔下的印象派 [M]. 北京：人民邮电出版社，2022: 82.）

安逸。可以看出在他写生的途中其画面的色调是快乐的，强烈的光照在他的身上，产生了一种超然忘我的精神状态。而到了 1888 年给好友高更画作的时候，就展现了他的精神世界中色彩的变化。色彩的诡异变化代表了他内心精神的不安和一种非正常的心理状态。而到了他割耳之后，又纯粹地用色彩来宣示自己内心情绪的波动。到了 1889 年在圣雷米医院治疗期间，也是他绘画创作的最高峰时段。这一时期色彩的变化，包括笔触的扭曲和背景线条的旋转都表达了他在这一时期精神的亢奋和心中某种幻想。在他去世前的最后一幅自画像中，我们可以看到他空洞的眼神和无助的绝望，死寂的色彩和身体心理状态融为一体。

所以说一个人的心理发生变化的时候，他的绘画和创作会本能地表现其内心的色彩趋势变化。同样，设计师在表达自己设计作品的时候，也会带有自己的社会认知和生活经验，其对于不同事物的理解，也会产生不同的色彩变化。比如在一片纯净的室内空间中，采用红色来强调它的主题性会营造出充满活力和创造力的空间，这样的设计可以应用于很多的大学院校中，让学生在空间环境中产生亢奋，激发创造力。这类色彩常运用在学校、艺术学院。纯橙色、黄色让人产生兴奋感，而暖绿色则会给人带来舒缓和放松的感受。这种色彩适合于中、小学，可使孩童在里面感到轻松、舒适（图 3.6.4）。儿童对于社会的认知是通过不断对世界进行探索和学习，所以他们的认知不如成人那么根深蒂固，因此在色彩的认知上更容易受到引导，也就是说色彩对于儿童的引导性会更加强烈，所以在儿童活动空间中使用什么样的颜色，对儿童产生的影响是不一样的。出生十几天左右的婴儿，它会本能地表现出对红色与黄色的喜爱，两个多月左右就能正确地区分红色和绿色，四个月的时候就能区分出黄色和绿色。可以看到，人类本能地对颜色有着天然的认知和适应。因此在做儿童活动空间时，可以充分利用这一特点，让儿童感觉到周边环境的舒适和安全。

图 3.6.4 不同色彩的空间运用（绘图：陈亮）

3.6.2 色彩与形象认知

颜色冷暖使人对于事物和环境空间产生不同的认知，比如我们经常看到很多的电影或者动画中的人物，不能把好和坏写在人的脸上，或者明确标示其主观好坏，但我们可以通过色彩来进行区分，导演通常通过人物的色彩、外形等视觉元素来标示出人物的性格好与坏。比如在著名动画片《变形金刚》里，所有的象征着正义的博派汽车人，基本上都是采用红色、橙色、黄色、暖绿色等温馨的暖色调，让人一看就是充满了正义感类型的人物塑造（图 3.6.5）。而代表着反面的狂派角色，大部分采用了紫色、蓝色、黑色或者是中性的白色来体现，让人感觉到它的冰冷、狡诈、残酷的性格。通过色彩的对比，就很容易把人物的好坏区分出来。所以当人物在荧屏中出现的时候，小朋友们很容易分清人物的身份。

那么在医疗空间室内设计中，如何处理好医疗空间和色彩的关系？心理学家对颜色和人的心理进行了研究，色彩是促进人类情绪变化的重要因素。因此，在做医院室内设计，尤其是疗愈空间设计的时候，设计师应该把对色彩的感知充分应用到室内设计当中。研究表明，在一般情况下，红色代表快乐、热情，它能够使人情绪饱满、热烈，激发出爱的情感；黄色代表明亮、快乐，使人兴高采烈，充满喜悦之情；绿色代表和平，使人们心里有安定、恬静、温和之感；蓝色则给人以安静、凉爽、舒适的感受，使人们心情开朗；灰色使人感到抑郁、空虚；黑色使人感到庄严、沮丧和悲哀；白色使人有素雅、纯洁、轻快的感觉。颜色

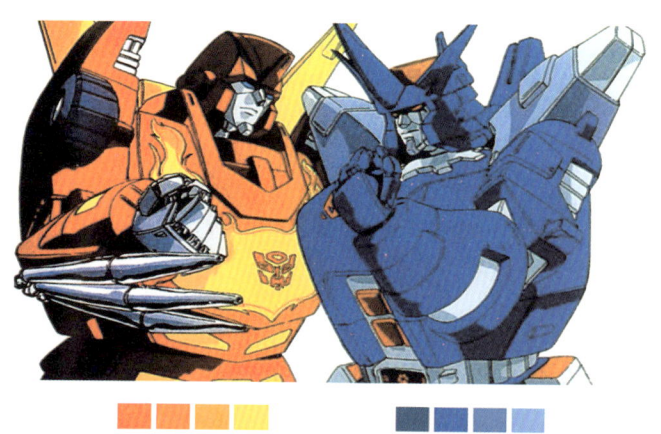

图 3.6.5 《变形金刚》人物的色彩对比
（来源：日本 TARKUS 公司. 变形金刚 · 2017 年大百科 [M]. 哈尔滨：黑龙江少年儿童出版社，2018.5: 12.）

会给人们的情绪带来一定的影响,使人的心理活动发生变化。

　　大部分人对于温馨、舒适的灰色调有很强的认同感。比如莫兰迪色,它不仅仅是中国传统配色的色调,体现出舒适的雅致感,同时也会让人感觉到温馨、舒适。在电视剧《延禧攻略》中,整个人物服饰、配景都采用了莫兰迪配色(图 3.6.6),使人眼前一亮,获得了各个年龄段观众的一致好评。仔细观察,它的配色其实和 19 世纪末的印象派绘画大师莫奈使用的绘画颜色有异曲同工之处,比如在描绘伦敦雾都不同时段的色彩变化时,莫奈采用了高雅的灰色调,恰恰也是对当时伦敦雾霾严重现状的视觉反馈,这种灰色调使绘画的格调更加高雅(图 3.6.7)。反观这几年医疗类获奖室内设计项目大部分以白色、木色为主导,过于千篇一律,可以参考这种高雅的莫兰迪灰色调,会获得意想不到的效果。

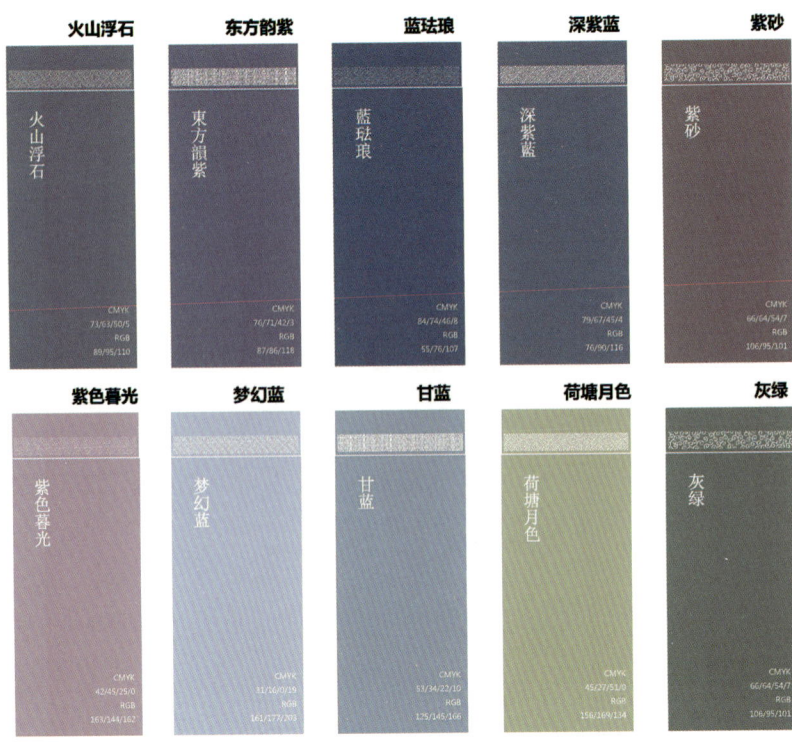

图 3.6.6　莫兰迪配色(绘图:代亚明)

图 3.6.7　莫奈油画系列作品《伦敦国会大厦》
（来源：杨建飞 . 世界大师经典作品精选 100 例——克劳德·莫奈 [M]. 北京：中国书店出版社，2016：31.）

色彩在室内空间设计中非常容易出效果，给人以震撼和视觉冲击，同时色彩设计也是见效快、性价比高。因此，在温馨、舒适的医院室内环境中，突然出现一抹亮色，会在空间内给人带来不一样的心理感受，给医院带来一种生机勃勃、充满活力的别样风采（图 3.6.8）。色彩是室内空间组织的重要元素，淡淡的、柔和的色彩让环境变得宁静，通过米色、蓝色、绿色等色彩营造出对比效果，使医院的治愈环境更容易让人接受。而色块使建筑内部更有活力，同时营造出热情、友好、温馨的氛围。

3.6.3　色彩、材料与照明设计的关系

为什么把色彩、材料以及照明放到一起来进行研究和比较呢？因为材料的颜色、组成是色彩变化的重要因素和环节，而色彩的体现正

图 3.6.8　北京某医院等候区（拍摄：金伟琦）

是由于光的照射，才会产生变化。因此，需要把这三种元素放到一起来进行整体考虑。

我们在室内设计中有很多误区，有的时候一说高端的设计，就一定要追求所谓高档昂贵的材料，比如满铺的大理石、各种造型迥异的线角、贴满金箔的线条，过于强调各种奢侈繁华的元素，给人一种压抑的感觉。过多的造型和抢眼的色彩搭配，会把室内空间的整体氛围感拉低。在医院室内设计中一定要强调医疗整体空间的使用，把握医院整体的疗愈环境，要让人感到轻松、舒适。因为病患往往带着心理和身体上的痛苦来到医院，如果再看到特别复杂的造型，会产生逆反心理。因此，简洁、明亮、现代的设计理念在大多数医疗空间中所采用。

未来室内设计的方向应该是简洁、现代化的，让人尽量能在空间中放空，可以通过其他的陈设装饰来丰富室内空间。材料是没有档次高低之分的，通过使用的舒适度、功能以及美学色彩的搭配来进行设计，从而产生和谐一致的美感。因此，材料的选择只要做到恰到好处就可以。同一色系的材料要一致，避免产生复杂的颜色和色彩混搭。一般室内空间会定一个主色调，主要颜色不超过三种，可以在配图的时候采用与其统一色调的样块（图 3.6.9）。

人们对于世界的印象大部分来自我们的眼睛，而光线是视觉的必备要素，因此光是人们认识世界的媒介。光给人以温暖的感觉，能够柔化空间边界。在医疗室内空间环境设计中，利用光的设计表达温情、优雅的空间环境是至关重要的。材料是室内色彩表达的直接载体，光环境赋予材料展示和色彩显现的可能性，在自然光源和人工光源的不同环境下，室内设计的材料和颜色都会表达出不同的表情和温度。

自然光线相对是冷光源，整个空间会显得更加的放松、冷静。当使用暖光源的人工光线照射到室内空间中，会显现出温馨、舒适、亲切的感觉，同时光与影的对比可以呈现出材料表面的纹理，强化室内空间的体量和造型。照明设计中的色温只表示光源的光谱成分，而不

图 3.6.9　北京新世纪妇儿医院（拍摄：陈亮）

表明发光强度。色温高则表示短波成分多一些，偏蓝绿色；色温低则表示长波的成分多一些，偏红黄色。在医院室内空间中，不同的区域的色温需要不同程度的控制，公共区域的色温可以稍高于诊室和病房空间，这样空间会显得明亮开阔，而私密的病房色温可以偏低一些，营造温暖的氛围。

照明设计就是通过不同空间光源色彩的变化，使人产生不同的心理感受，这也是色彩心理学的应用。尤其是在病房或诊室空间，不同色彩的色温和照度会给病患带来不同的感受，也能够调节人的作息，使其生活规律。下面通过几个局部区域来阐述医疗室内环境中不同空间的色彩和亮度的变化。

第一个是门诊大厅。门诊大厅整体色彩搭配宜采用安静、沉稳的色调。色彩选择 2~3 种搭配，可以选择 1~2 种亮色来点缀空间环境。在儿科和妇科的门诊设计中，要充分考虑使用人群的心理特点。比如，儿童喜欢色彩鲜艳明快的颜色，而女性则喜欢偏重温馨、雅致、舒适的色调，要照顾到不同人群对色彩的心理需求，营造出温暖亲切的大环境，同时也可点缀一些绿色、蓝色，给病患一种亲近自然的安全感和充满希望的心理暗示（图 3.6.10）。

第二个是走廊区域。走廊的色彩搭配宜采用安静沉稳的色调，色彩选择 2~3 种搭配。走廊采用使人感到平静的颜色作为背景色调，让患者沉静下来，消除紧张感，起到辅助治疗的作用。

第三个是护理单元区域。其设计应以不同的功能需求和色彩心理治疗理论为依据，通过局部的、重点的点缀色变化来使每层护理单元都能够有一个清晰准确的区分和识别。而妇产科的护理单元，主要服务于孕产妇和新生儿，因此宜选择温馨浪漫的粉色或者暖驼色等，这一类的颜色能够缓解人的压力，可以软化情绪、安抚浮躁、缓解疼痛，并且对于神经紊乱和失眠有一定的调节作用（图 3.6.11）。

图 3.6.10 门诊大厅设计图（绘图：陈亮）

第四个是诊室、医技室区域。诊室宜采用淡雅的色调，局部可以配有鲜亮的颜色或图案，分散患者的注意力，缓解紧张情绪（图 3.6.12、图 3.6.13）。

第五个是病房区域。病房的颜色宜选择 1~2 种，即可营造出温馨轻松的氛围（图 3.6.14）。在卫生间的设计中，以白色、浅色为主，展现卫生、干净的环境印象。如果是儿童卫生间，应该充分考虑儿童的

图 3.6.11 候诊等候区（拍摄：金伟琦）

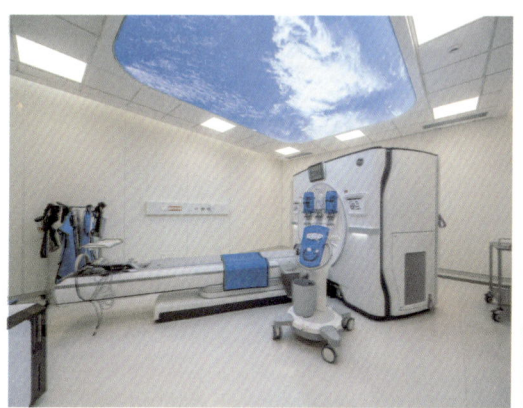 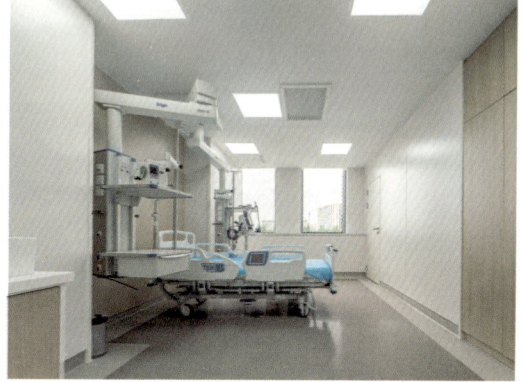

图 3.6.12 医技检查室（拍摄：金伟琦）

图 3.6.13 诊室区域（拍摄：金伟琦）

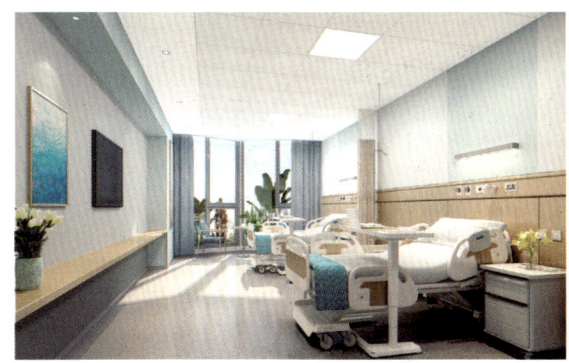

图 3.6.14　护理单元病房设计图（绘图：代亚明）

尺度，设置高低台洗漱区，在重要的功能区域，可以采用明亮的色彩进行点缀和提示。

　　位于泰国曼谷的 EKH 医院，通过色彩、造型、材质、照明、标识以及人性化的设计，打造出儿童喜爱的去机构化医疗空间。打破常规将活泼的造型，贯穿整个空间，使人仿佛置身于童话的梦境世界。设计师通过色彩明快、舒适、温暖的手法以及色彩区分来强化空间的特征，同时在照明上全部采用间接照明，利用冷暖光源的不同处理，使整个室内的人工光源温馨且舒适。在该医院的入口前方有一块巨大的云朵造型玻璃幕墙，轻盈、通透，使害怕进入医院的儿童可能因为这个奇异的入口而停止哭泣，产生探索欲望。半圆和曲线的元素贯穿整个设计，入口处利用超尺度的半圆造型搭配柱体，十分醒目，材质和颜色搭配也轻松活泼（图 3.6.15）。在室内空间中均采用间接照明，避免直射的灯光影响儿童的视力，以确保儿童患者不会因为空间中亮度过高而产生不适。在不同的候诊区设计出独立的小型游乐场，使儿童在医院得到放松，游乐场的形式多样，其中有一处游泳池被设计成了漂浮的白云。儿童尺度的设计语言是由各种物理形状、颜色和符号创建的，柔和的色调鼓励孩子们发挥想象，来享受该医院内部的空间。通过与空间的互动来获得独特的体验，从而在心理上得到放松。

图 3.6.15　EKH 儿童医院（绘图：陈亮）

3.6.4　总结和展望

第一，色彩带给人最直接和强烈的心理印象，因此在室内设计，尤其是医疗空间室内设计中，色彩元素的运用，是构建舒适空间环境的重要方法和手段。色彩的运用对医患有着很好的心理疗愈作用，同时对正处于学习接纳阶段的儿童也非常重要。因此，了解色彩心理学知识对于室内设计师来说是至关重要的。

第二，善于和巧妙地应用色彩，缓解陪护家属的焦虑以及患者的恐惧情绪，同时改善医务工作者的从业环境，提高其职业幸福感与归属感。好的色彩搭配和设计能够使室内设计做到事半功倍，也能使整个的空间设计做到少花钱，多办事儿。

第三，设计师要根据不同年龄段的人群来进行分类，细致对待，并且尊重医院中不同类型的患者，比如产妇与新生儿、婴幼儿、学龄儿童、青少年群体等。根据他们各自年龄段的喜好特征进行色彩搭配，形式语言要因群体而异，避免同质化和千篇一律。

第四，在室内设计中，色彩的应用手法多种多样，不局限于空间内表面材料和色彩的变化，还可以借助于室内空间中的艺术品、装饰画、软装、陈设、家具以及自然环境和音乐等多维度的体验，并结合灯光和自然光线来营造舒适、优雅的室内环境，创造更佳的疗愈环境。

第五，室内装修材料是室内色彩表达的直接载体，通过不同颜色的材质搭配，会使室内空间呈现不同的风格，而照明和自然光线的设计则赋予了材料的展示性和室内色彩设计显现的可能性。因此，材料的选择适度与光环境的正确营造，与色彩设计相辅相成，共同打造了室内设计空间的效果，形成相互成就的关系。

Chapeter 4
第四章　医疗空间室内设计的可持续发展

绘图：陈亮

扫码观看手绘视频

弱肉强食是工程建设行业生态链和丛林法则，身处其中，既要遵循规矩，又要在危机中找寻机遇，持续地探索、发现，优胜劣汰。

4.1 新时代下的医疗空间室内设计发展

室内设计作为整个建筑设计过程中非常重要的专业组成部分，对建筑空间的使用具有积极影响，不仅要优化和完善整个建筑空间系统和功能，同时要有自身的专业特点和设计理念。室内设计不仅要满足使用及技术功能的要求，还要从心理和艺术层面，包括使用的舒适性、美观性等方面进行多维度的考虑，同时涉及结构、消防、机电等多专业的协调与统筹，是具有整体性的系统设计体系。

我们应该认识到室内设计在整个建筑设计过程中的重要性，在建筑设计前期方案阶段室内设计就应统筹思考、同步设计，而不是等建筑主体结构完成后再进行室内设计工作，建筑室内外一体化设计也是建筑工业化的一项重要内容。

随着建筑工业化和可持续发展理念逐渐深入人心，装配式建筑也以一种不可阻挡之势发展起来。标准化生产和利于现场安装是装配式的优势。装配式可以最大限度地节约设计和施工成本并缩短工期，是我们为改变未来设计施工方式而广泛推广的技术。室内设计与装修施工结合紧密，室内空间的装配式设计与施工安装，我们统称为装配式装修，现在也逐步在行业中推广和应用，这是室内设计行业未来的发展趋势之一。

4.1.1 传统设计思维的转变

未来装配式是我国工程建设领域的发展趋势，建筑、结构装配式已初具标准化、规模化，而室内装配式的设计、加工、安装过程较繁杂细碎，部品、部件的应用及其组合千变万化，因此难度高、标准化率低。我们应在万千变化中找寻并确定规律，借鉴参考成熟的产品样式和材料，尽量做到标准、一致，通过多样化组合达到千变万化的艺术效果和使用需求。

北京积水潭医院新龙泽院区，是按照大型三甲综合医院标准来建设的大型公共医疗项目，功能包含门诊、急诊、医技、住院等。该项目是医疗室内装配式装修的应用拓展。

该院区总建筑面积143053m²，外立面铝板整体采用装配式设计、制造、安装。在门诊楼、科研楼、住院楼等建筑多处中均有钢结构构件或连廊相连，弧形梁、箱型梁、大跨度梁等各类钢结构构件的深化设计、加工和吊装是施工的重点和难点。

以门诊大厅为例，17m高的钢结构顶面上，有直径大约20m的玻璃透光顶，如果运用传统工艺的吊顶装修，必须经历多道装修工序，不仅工期冗长、漫天粉尘飞扬，而且费时又费力，最后还未必能达到预期的效果。我们运用装配式铝板的吊顶做法，结合多个维度的铝垂片定制工艺，将吊顶设计集成化、生产工厂化、施工标准化。独特的金属蜂巢结构能够保证板材不易弯折、不易变形、不易损坏。同时采用上下夹心设计，达到吸声、隔热、防潮、防火、表面平整、不易变形等特点。一次性完成各个模块的安装，这种安装方法更加高效便利，操作起来也更灵活，不同造型有不同模块的搭配，现场可交叉施工，大大缩短了工期，提高了装修效率（图4.1.1、图4.1.2）。

图4.1.1 北京积水潭医院新龙泽院区门诊大厅
（拍摄：金伟琦）

图4.1.2 北京积水潭医院新龙泽院区施工现场
（拍摄：陈亮）

在装配式设计、加工、安装过程中设计师需要根据其材料特性进行设计整合，装配式是以产品为结果导向的工程设计、生产、建造、运维的过程。装配式装修将工厂内生产的部品、部件在施工现场以干法施工进行装配安装，有效避免了传统湿式工法以及施工过程中使用黏合剂等所带来的二次污染，并且对完成尺度的控制更加精准，具有高品质、节能、安全、经济、环保、节省人工等特点，因此能够有效保障工期和装修质量，并且具有维护简单、有效集成、可拆卸重复使用、可回收、改扩建高效等优势。

4.1.2 装配式装修的发展内核

装配式装修施工有三个重要的环节：①工业化生产对品质的把控；②建立良好市场渠道，有效控制价格；③以产品为导向的市场思维模式。

首先，从设计的角度，要关心项目设计的高品质，注重装配式装修设计的效果和用户的选择。其次，业主要关注材料的品质、细节、类型，要考虑装配式装修是否符合项目的使用需求，是否提供合理的价格区间，让设计效果和造价达到平衡，同时，还要关注在营销运维方式和模式上的创新。最后，对于设计和施工方，除了要有装配式产品思维的模式，亦要有全产业链的思维模式。

可持续发展是建筑工业化的发展核心，绿色低碳、循环利用也是未来装配式建筑需要重点关注的内容。装配式装修的部品、部件应是可以拆卸和可回收使用的，铝板、墙砖、岩板等材料也应能够拆除更换，可以在其他的空间里再继续循环利用。装配式装修的部品、部件及材料的多次重复利用为有效控制浪费、降低碳排放提供了更多可能性。

要保持建筑行业高质量发展，各行业应该横向合作贯穿上下游产业链，而建筑工业化是最好的媒介方式。随着市场增量减少，会出现大量基于既有建筑的改造项目。在既有建筑项目的改造中，装配式装修会有大量的应用场景和市场，这也是室内设计行业飞跃提升和高质量发展的重要机遇。

4.1.3 工程模式的转变

建筑室内一体化、工业化是未来建筑发展的必然趋势。未来室内装配式会将统一的标准化设计的部品、部件，按用户定制组合，由工厂生产后运输至现场组装，交付用户使用，是完整的以产品市场为导向的生产、制造、安装过程。

对比传统装修施工，装配式装修优势突出，具有速度快、质量可控等多重优势（表4.1.1）。①进度：工厂化生产后现场组装，工期缩短；②成本：人工劳务成本有效降低约30%，安装及工期等综合成本降低；③质量：全过程控制，品质提升50%；④环保：建筑垃圾少、健康环保、无甲醛污染；⑤维护：维护更新便利，降低维修率。

装配式装修有着巨大的市场容量（主要为住宅、公寓、酒店、商业、办公、医院康养等领域），带动了相应产业链的发展。目前装配式装修全产业链正蓬勃发展，涵盖设计、施工等在内的多个环节。

未来装配式装修将对以下几个行业产生影响和改变：①对于投资方来说，装配式方式缩短施工周期，加速资金循环、契合高周转商业模式；②对于设计和施工方来说，装配式装修产品已覆盖主流建筑领域，应改变传统设计与施工思维模式；③对于生产制造企业来说，装配式装修的作用更加重要，将会成为以产品为导向的重要环节；④对于家居、整体厨卫等传统制造企业来说，将会向智能化、集成化方向完善，成为装修中不可分割的重要主体。

表 4.1.1　装配式与传统装修对比（制表：周亚星）

装配式装修	对比项	传统装修
省时省力，一套 100m² 户型 20 天内即可装配完成，即装即住	工期	耗时费力，一般普通家装 100m² 户型需要 75 天左右，需要通风 2~3 个月
只需能够严格执行施工程序的产业工人	工种	涉及十多个工种，瓦工、泥工、木工、油漆工等易发生工种间责任纠纷
信息化流程管理，通过 BIM 的应用，贯穿设计、生产、施工、运维全过程	流程	靠合约规定与人工控制装修流程推进；信息不及时，监控不便
设计阶段即可快速算量计价；控制成本在预算范围内	预算	费用变化项目多，预算控制难
以模块化为核心；少规格，多组合；最大限度避免了误差和手工劳动；干法施工，提升品质稳定性	品质	严重依赖工人个人技术水平，质量难以保证；湿作业容易出现开裂、漏出、空鼓等质量问题，初期难以发现
工厂标准化生产，精确度提高；维修率降低 80%；安装、拆卸、更换简便快捷，运维成本低，局部可拆改，消耗浪费少	维护	隐患多，维护耗时耗力；维修难度大，工期长；涉及工序多，人员多；质量责任难以追溯
工业化生产，不浪费原材料，干法施工最大限度保持施工现场整洁；快速安装，低噪声干扰；对施工人员和居住者无毒无害	环保	施工产生建筑垃圾，造成空气污染、噪声污染等问题；不环保的材料对施工人员和居住者健康造成威胁

4.1.4　科技推动行业发展

随着建筑技术手段不断发展融合，医疗领域装配式室内设计的前沿技术包括人工智能、互联网＋、物联网、基因生物工程等多学科交叉融合，形成整体产业链，向数字化装配式、智能化建造方向发展。现阶段，随着装修施工工人趋向老龄化，年轻劳动力逐年减少，所以装配式装修施工也是大势所趋，是施工企业节约人工成本不得不去做的事情。医疗室内设计是推动装配式以及建筑工业化的重要领域。装配式除了强调部品工厂化、综合效益高，还要强调节能环保、维护简单、有效集成、可拆卸重复使用、可回收，这才是对资源的最佳利用。

4.1.5 装配式建造美学

在装配式装修大力发展的背景下,未来设计是否会失去个性特色?这也是设计师需要去注意并思考的内容。装配式是标准化、集成化,但标准化也能通过设计产生其独有的工业化美感,通过不同部件材料的搭配产生不同的环境艺术意境。未来装配式的设计效果会更加丰富多彩,这也是需要相关各个行业共同去探索的内容。

近期竣工使用的深圳前海某医疗中心室内空间设计,采用了装配式的建设方式,并在室内设计之初首次提出艺术医院概念,这也是深圳地区的高质量医疗需求以及基于业主的高端定位和在艺术收藏领域的丰富资源。这是国内建成的首个艺术博物馆式的公共医疗空间(图4.1.3)。在医疗空间中,病人是来看病的,具有很强目的性和心理需求,医院除治病救人外,也应具有疗愈病人心理的环境功能,同时让工作在其中的医生、护士身心舒适、放松。其公共区域可以举办小型艺术展和沙龙活动,让人享受其美好的艺术氛围,给压抑的医疗环境带来一丝活力。

图 4.1.3　深圳前海某医疗中心(拍摄:金伟琦)

未来室内设计行业必将是一个多专业、多领域、多工种共同发展的市场化的全行业产业链。因此，行业间的交流学习、跨行业的融合发展和思维模式尤为重要。这是一个综合性的思考过程，设计师对于未来时代发展中的数据、造价、工程技术都要有很敏感的认识，并不断融合创新，只有这样才能让室内设计这一传统行业不断发展。

4.2 医疗领域室内装配式应用

在国家战略导向下，装配式装修进入高速发展期，全国产业化发展政策已陆续出台，建筑工业化已经成为工程设计和建设领域的大趋势。关于装配式装修在医疗空间室内设计领域的应用，从以下几个角度来阐述。

第一点，室内居住空间的健康安全是未来设计应该关注的主题，大家对于个人生活环境的健康卫生以及避免交叉感染的方式尤为关注。国家对于医疗卫生领域也会有更多的政策扶持，未来医院的建设将会持续发展，对于装配式技术在医疗领域的发展和应用是一个很好的机会。

应对传染病的应急医院和各类隔离设施，中国创造了建设的奇迹，体现了中国速度，但是这类应急医院，建安成本几乎与普通医疗建筑造价持平，但使用周期不到十年，远远低于正常建筑的使用寿命，从经济方面考虑是不划算的。而且因为建造时间短，使用标准和水平无法达到长期使用的建筑标准。对于室内空间，应急医院的使用需求更多强调其使用功能和应急性，几乎没有考虑舒适性和人性化品质。未来还是应该提前规划建设公共卫生应急中心，做到未雨绸缪。

医院的防止感染控制应该是各方面考虑的重中之重。病人大量感染都是在医院的室内空间发生的，说明我们在医院建筑设计，尤其是室内空间设计，还存在很多短板，对未来我们室内设计行业提出了更严格的要求和挑战。

第二点，装配式装修是由建筑、结构、机电、装修四个子系统组成的，它们各自既是一个完整独立存在的子系统，又共同构成一个更大的系统。正是这种系统化的配置，导致装配式项目一次性投资比较高，往往会突破国家及相关部门规定的建设投资标准和招采模式。这也是制约装配式发展的一大问题，如果国家要大力发展装配式建筑，应该出台相应的鼓励政策来进行引导。

第三点，装配式装修这几年应用比较广泛，政府也在逐步推行建筑产业化，各地对装配式的实际应用也有不同要求和标准。装配式概念虽然很新，但在国内已经应用了很久。2001年本人刚参加工作的时候，参与设计的北京某医院病房楼新建项目使用了钢结构体系设计，其实就是装配式建筑施工。该项目的室内设计也使用了大量成品材料安装系统，内墙面隔断的应用、顶棚吊顶等材料的安装都已成熟且系统化。当时设计目的是为了避免二次装修带来的污染，施工快、效果好但成本很高，现场改动的灵活度小。

自2015年以来，装配式建筑规划政策与标准等内容密集出台。2016年9月27日国务院出台《国务院办公厅关于大力发展装配式建筑的指导意见》（国办发〔2016〕71号），对大力发展装配式建筑和钢结构重点区域、未来装配式建筑占比新建筑目标、重点发展城市进行了明确。现在浙江省、广东省等各地方政府已大力推广医院的整体装配式建设，要求新建建筑装配式比例达50%以上，这其中室内部分的装配式装修占了很大一部分比例。

装配式装修未来将会快速大规模地应用到医院建设当中，尤其是在医院诊室、病房护理单元等容易被标准化的室内设计、施工中得到快速应用，这对医院室内空间布局的设计有着深远影响。从最早开始的饰面成品护墙树脂板到整体房间隔墙的装配式施工都已经形成标准化、产业化规模，尤其是护理单元的室内布局将会按照更加标准、快速、有效地应对突发公共卫生事件而进行建设。随着各种材料的不断升级完善，病房、诊室、护理单元走廊等空间从吊顶龙骨面材到吊顶输液架、灯具、风口等设备均可以整装一体化完成。设计师、材料厂家、施工单位已经联合发布了医院室内装配式设计的标准。在新建建筑尤其是现有医疗建筑的室内改造中，装配式装修具有很多的施工优势并具有广泛的应用性，可以与机电设备、面材有更好的结合度，节省施工周期。

另外，医疗家具模块系统的装配式应用也越来越成熟，适用于不同尺度、形态的空间。根据不同的医疗使用功能与水、暖、电等专业系统集成，通过家具模块的拼接装配完成专业医疗空间的设计，形成连贯的空间环境。将室内空间更有效地利用，如检查室、病房、护士工作站、等候空间、行政办公空间、实验室、物料管理室及药房等。模块化意味着在使用中用最少的部件可以装配出多种功能，从而满足医疗空间较高的灵活性与多变性（图 4.2.1~ 图 4.2.3）。

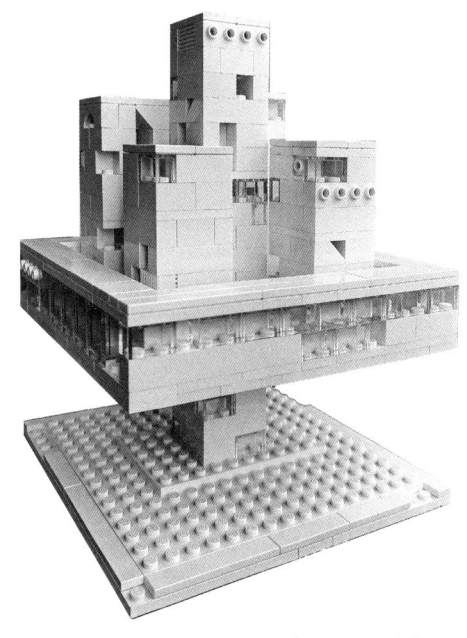

图 4.2.1 乐高积木模块（拍摄：陈亮）

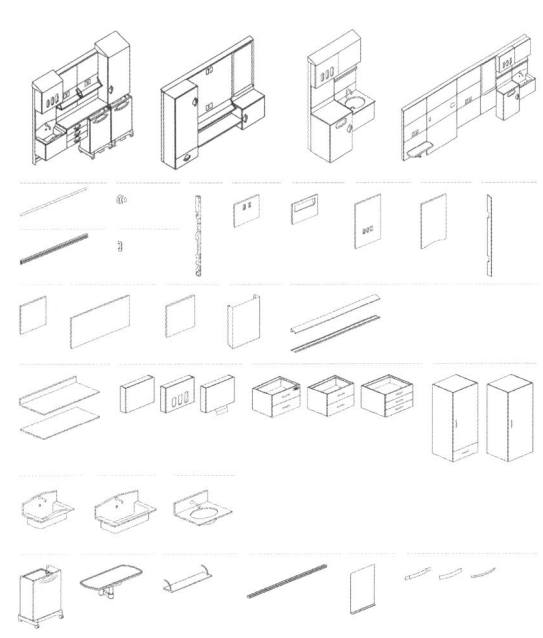

图 4.2.2 装配式护理单元家具模块（绘图：陈亮）
（来源：汉尔姆建筑科技有限公司装配式病房）

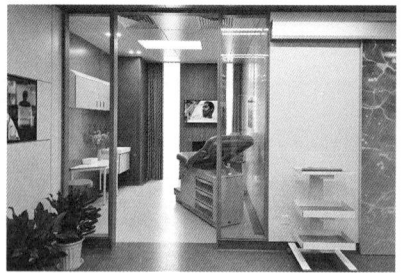

图 4.2.3　汉尔姆建筑科技有限公司装配式病房（拍摄：陈亮）

装配式装修结合 BIM 信息模型构建，实时呈现设计结果，各专业在模型中协调，避免碰撞交叉，释放出强大的建造潜力（图 4.2.4）。如今在我国，装配式室内设计已形成规模并推广，这也是对室内空间从设计到施工的一次革命性推进，将逐渐改变设计行业的格局。

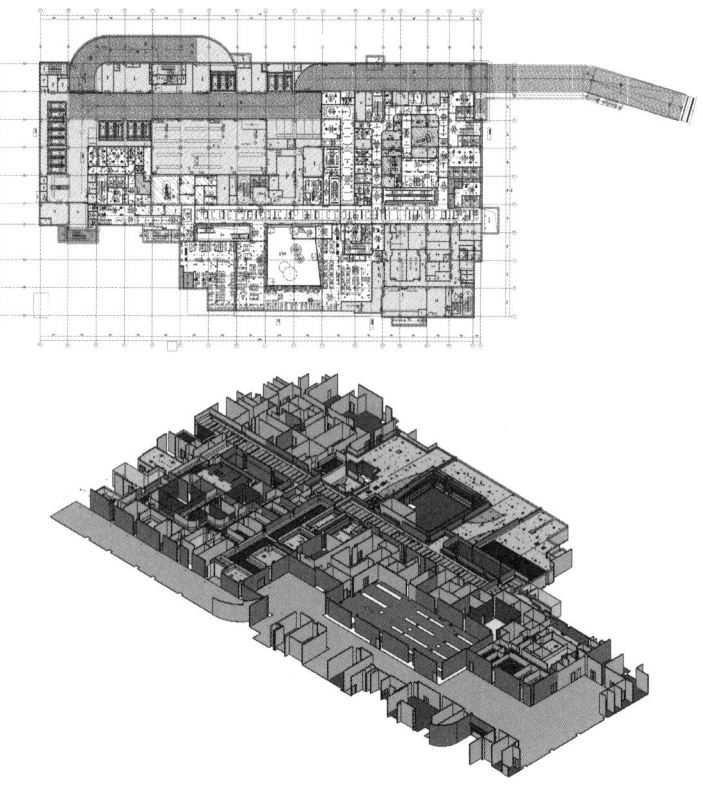

图 4.2.4　北京某医院病房楼 BIM 模型（绘图：代亚明）

第四章　医疗空间室内设计的可持续发展　　127

　　我国的室内设计行业比较特殊，有自身的逻辑和特点，经历了四十多年的发展，除了一些软件的应用，设计、施工基本没有质的飞跃和变化。装配式技术的应用是室内设计行业的革新，装配式的发展将在未来颠覆性地改变室内设计行业。装配式的推广发展既要结合行业变化，也要了解行业需求。我们近期设计的多个装配式医疗展厅，就是装配式技术与医疗空间设计很好结合的案例，展厅是医疗功能单元的虚拟组合，主要包括护士工作站、诊疗室、病房、检查室、走廊等功能，这些都是医疗建筑的重要功能组成部分，而且适合应用装配式装修建造的室内空间（图 4.2.5）。

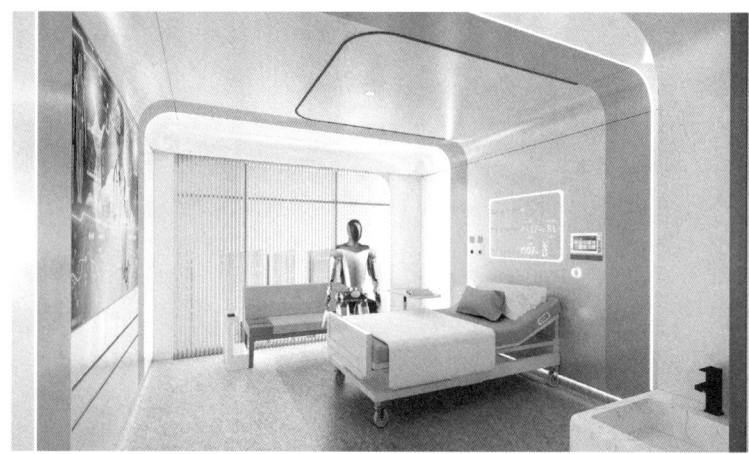

图 4.2.5　智能化病房设计效果图（绘图：陈亮、刘奕含）

该装配式医疗展厅的设计，是基于建筑设计、医疗工艺设计、室内设计、工业设计等专业基础之上的研究，设计制造一套标准化的"建筑围护体及其家具模块"，同时采用装配式功能的家具组合，所有零部件制造均绿色、环保并可循环利用。我国医院建设和改扩建年投资约 2 万亿元，由于医疗建筑的复杂性，以及大量老旧医院迫切需要在不停业的条件下进行改扩建，往往导致建筑设计、医疗工艺设计、室内设计、设备管线预埋、配套功能设计和施工管理出现漏洞百出的状况。装配式医疗功能单元，恰好能够完美地解决这些问题，符合国家的卫生健康和城市建设发展要求。

现在建筑装修施工现场的年轻工人越来越少，工人的年龄段集中在四五十岁，"90 后"或者"00 后"的工人少之又少，因此人工成本的增加也是倒推装配式要大力推行的原因之一。装配式带来了健康意识和环保意识的提升，减少现场施工人员操作环节，装修完成后一周进行空气检测，完全达到拎包入住的标准。

如果能有效地把装配式装修的生产、运输以及成本造价等成本控制住，对于装配式的发展将更加有利。还有一个因素可以使装配式渗透到三、四线城市甚至区县，那就是交通物流。中国目前的交通物流产业十分发达，这也是推动装配式发展的有利条件。对于国内的业主来说，他们更关心资金的投入产出比，如果我们能把装配式项目的成本控制住，未来其推广和应用的空间将会更广。

装配式项目的材料在回收环节的处理问题是特别需要重视和关注的。室内装修设计常规的使用年限是 10 年左右，那么 10 年以后项目要重新装修，拆除的装配式材料，是否可以再重新回收利用或进行无污染的环保降解，避免将来出现大量的建筑垃圾，是需要装配式装修重点考虑的内容。这不仅仅是生产这一个环节的问题，而是需要政府部门、开发商、设计行业、产品供应商、施工单位共同考虑的问题，即要建立一个完整的设计、施工、选材供应、交通物流一体化的装配式回收产业链。

装配式装修也还存在一系列的技术问题，有待提升，比如装配式建筑用的成品隔墙的隔声效果相对不如传统砌筑墙体，装配式装修加工好的成品建筑和装饰材料对于现场的应变能力有限，如果发生设计或者加工的产品和现场情况不符，改动起来会比较困难。室内设计的个性化需求与装配式的标准化模数之间的矛盾需要突破和融合。随着技术的进步和发展，未来装配式装修一定能够解决好这些问题。

Chapeter 5
第五章　要脚踏实地，更要仰望星空

绘图：陈亮

扫码观看手绘视频

时代在高速发展，如脱缰野兔，脚步不停、疾奔不止。脚步虽前行，但也要仰望星空，看清方向。

5.1 医疗空间室内设计的创新趋势

随着人工智能技术的发展，AI 辅助设计也开始运用到建筑设计之中。2023 年初与团队小伙伴运用 Stable Diffusion 软件进行室内方案设计，用 Stable Diffusion 软件将体块模型图上传，预处理提取模型线框边界，加入训练模型进行出图。在不到 3 分钟的时间内生成了 25 张效果图，选择了其中几张效果图，经过优化形成最终的实际效果。可以看到 AI 可以辅助设计师来进行场景的优化和空间的模拟，以及进行概念方案的设计。未来这些技术和手段将会在设计行业内广泛应用，成为辅助设计师的优势工具（图 5.1.1~ 图 5.1.3）。

该项目的实验性尝试，证明人工智能软件可以辅助设计师进行方案设计，并且在未来建造设计领域内还有更多的提升空间。作为室内设计行业的从业者，我们应该认真去思考如何运用这些技术和手段。采用 AI 人工智能辅助设计的筑医台办公项目，已于 2023 年 6 月底竣工使用，成为室内设计行业首个人工智能参与设计，竣工投入使用的项目，对室内设计新模式的可能性作了初步探索。人工智能可以简化我们的重复劳动，结合现有大数据，快速生成多个结果，简化很多

图 5.1.1　Stable　Diffusion 软件生成效果图（绘图：代亚明）

图 5.1.2　方案深化效果图（绘图：代亚明）

图 5.1.3　方案完成实景照片（拍摄：金伟琦）

基础性、繁复性的环节。但现阶段室内空间还是以实物化和产品化的形式呈现，需要设计师与使用者沟通交流，考虑使用者的个性化需求，满足人们的实际使用。

5.1.1　智能化设计建造

我们现在的建筑室内设计仍然采用传统的模式和流程，与 40 多年前的模式流程几乎一致，只是从传统手绘变成了电脑辅助绘制，然后再指导施工。随着时代的发展，设计模式急需转变，以促进传统模式的升级迭代。若未来运用人工智能进行辅助设计，对传统方案效果的设计绘制将会是巨大的冲击。对于各类专项技术、人性化的发展方面，人工智能未来也会带来质的提升。现阶段就是要探讨在人工智能发展的前提下，如何保持设计行业不断地发展和更新。人工智能对我们的方案搜集、效果渲染、施工图以及审图会有较大的补充帮助，相当于把之前烦琐的劳动变成智能化的数据，随时调用，从而大大提升我们的效率。

人工智能辅助设计师进行设计，最终应该是以产品为核心的设计模式来呈现。未来我们的室内空间可能不仅有传统的设计、施工与使用，还能通过智能化建造实现与房间交流，控制其温度、灯光、声音等。采用智能化人机交流的模式，是未来建筑设计、室内设计行业要实现的目标，像海尔、华为等多个以产品为核心的企业都不断拓展自身的智能化"宇宙圈"。

5.1.2 专项一体化设计

人工智能可以简化设计中烦琐的环节过程，与设计行业进行串联，从而实现专项设计一体化，这也是未来设计行业发展的方向和趋势。

图 5.1.4 建筑设计专业各专项示意图（绘图：杨茜）

图 5.1.5 医疗专项设计示意图（绘图：杨茜）

比如医院建设涉及很多内容,包含建筑设计、室内设计以及景观设计等多个专业。仅建筑设计就包括建筑、结构、机电、楼体照明、幕墙、BIM、锅炉房、燃气、热力、海绵城市等多种专项。对于设计师来说,要全盘掌握相关的专业非常难,因此我们要把这些专业进行数字化链接,结合数字化技术来简化辅助设计。医疗建筑包括门诊大厅、病房、各类科室、实验室、净化、血透等不同功能类型。从专业发展的角度来看,若想未来在相关行业领域站稳脚跟,成为行业引领者,必须了解掌握这些专项设计,实现技术创新,才能在设计领域保证市场占有率(图5.1.4、图5.1.5)。

在做医疗专项(例如血透中心)室内设计的时候,我们应了解疾病治疗原理考虑为病患创造良好的诊病环境,尤其是在心理疗愈方面。血液疾病比较特殊,长期血透会使病患产生较大的心理压力,所以血透空间的舒适度对于减缓病人的疼痛感、缓解家属的焦虑感非常重要。若将高铁、飞机头等舱的设计形式和舒适度应用到血透中心的室内设计中,可以给我们的患者提供优质的服务和舒适的环境,减轻病患的心理压力(图5.1.6~图5.1.8)。目前,血透病人呈现年轻化趋势,人数逐年递增,更需要让病人得到有效治疗。而这些特殊使用空间,设计师一般都不是非常了解,所以设计师需要对这类专项领域进行研究,注重更多专项领域的设计。

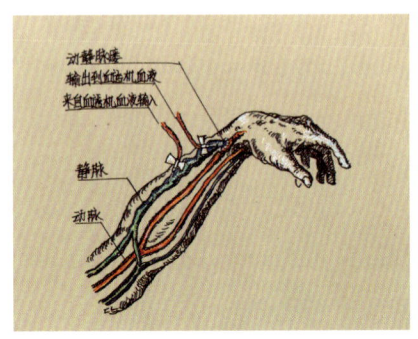
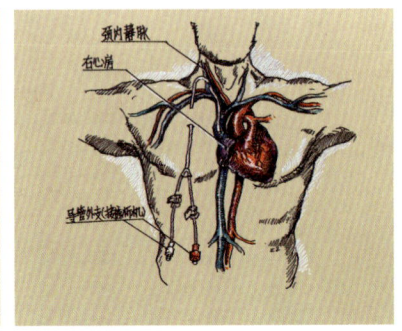

图 5.1.6　血液透析中心静脉导管示意图(绘图:陈亮)

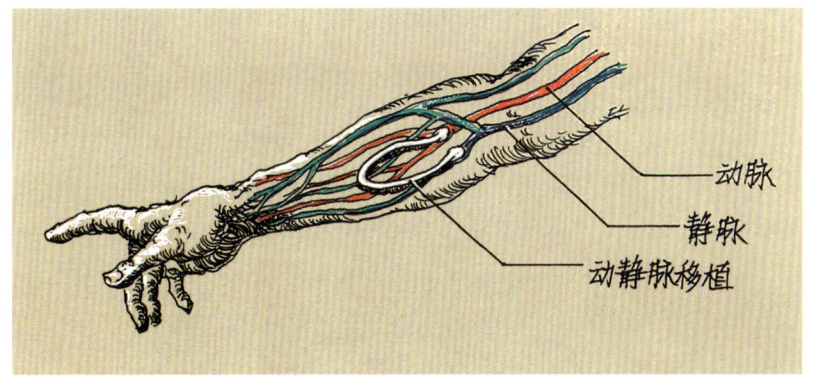

图 5.1.7　血液透析人工血管内瘘示意图（绘图：陈亮）

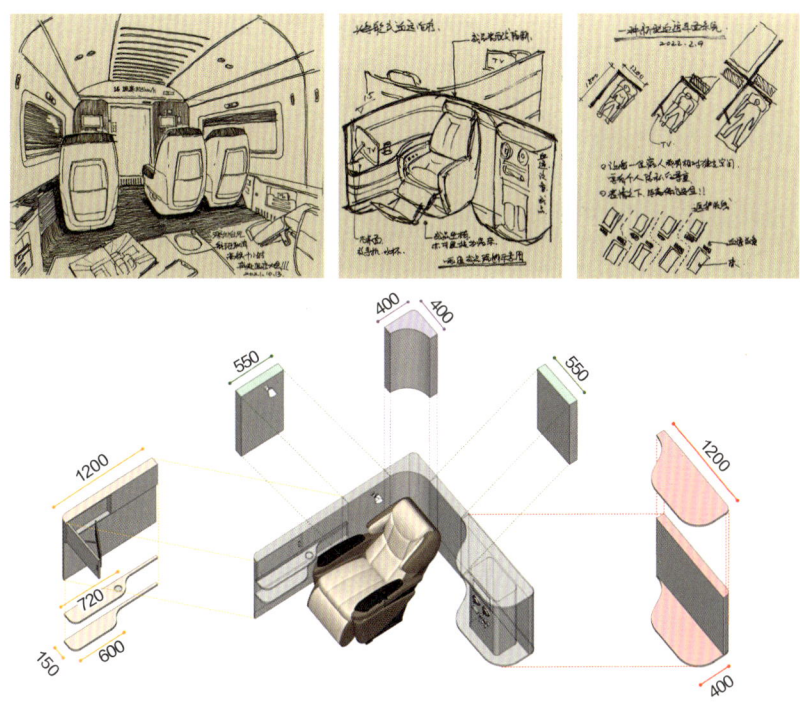

图 5.1.8　血透中心室内治疗椅模式概念方案（单位：mm）（绘图：陈亮）

　　河北中西医结合儿童医院设计项目，是由药厂内的三栋厂房改造而成，项目内容涵盖了建筑设计、室内设计、外照明设计、色彩设计、灯光设计，以及景观和艺术品设计、标识导向设计。该项目部分采用装配式设计施工，完成度极高，在使用效率和造价等方面达到均衡。大型医疗项目逐步采用总承包模式，而总承包模式就是要包含大量不同领域的专项设计，其中室内空间设计又包含多个细分领域下的设计，如室内灯光、色彩、标识、艺术品、陈设、家具等。因此需要室内设计专业进行系统地、综合地统筹、协调。这些细分领域的形成符合社会专业细致化的大趋势，因此设计单位和设计师一定要深耕细分专业领域，不断创新探索，才能实现室内设计行业的可持续发展。

5.1.3　医疗空间环境行为学的应用

在医院的室内设计中，要充分考虑医院中患者、家属以及医护工作者在医院的生理和心理需求，这是最体现设计人性化的地方。我们应主要考虑以下三点：第一是医疗使用功能、就诊流线的合理，这会减轻患者就医时的痛苦感受；第二是合理的人体工程学，比如适合人体舒适度的空间尺度、环境温度、家具尺度；第三是室内空间中的环境行为学，其以人为本的设计理念，是设计过程中重要的内涵。

室内设计与环境行为学的关系，包含以下四点：第一是外部环境改变了人的行为方式，人的行为方式决定了设计的需求；第二是人与环境行为的相互作用；第三是我们塑造了环境，环境又塑造了我们；第四是人与环境始终处于积极的相互作用过程。在医院的设计中，环境行为学格外重要，比如英国玛姬疗养中心项目，虽然建筑面积不大，但处处体现了人文关怀，在这里会对绝症患者进行人生最后一段时间的心理关怀与疏导。该项目中有一棵绿树贯穿到二层的中庭，象征着生命的希望，而充满阳光、舒适的色彩和曲线造型都充分体现了对患者的人文关怀（图 5.1.9、图 5.1.10）。

很多大型三甲医院都会考虑设置临终关怀房间，但房间室内环境比较简陋，使人感到非常压抑，甚至起到了不良的反向作用。所以我们在做医院室内设计的时候，要更好地体现人性化关怀和对于人性心

图 5.1.9 英国玛姬疗养中心外立面（绘图：陈亮）

图 5.1.10 英国玛姬疗养中心景观及室内照片（绘图：陈亮）

理的考虑。此外，人体工程学与无障碍设计也非常重要，随着人口老龄化的加剧，我们需要考虑更多的细节和设施，对于老龄受众群体也更需要在设计中体现人文关怀。

5.1.4 装配式产品化的广泛应用

我喜欢乘坐高铁出差，除了快速准时外，在漫长的旅途中不仅可以欣赏窗外飞逝的景色，也能静下心来思考设计问题，提升工作效率。

其实高铁车厢内部的乘坐空间设计安装就是采用装配式产品形式，车厢内的部品、部件材料采用标准尺寸，统一采购。处处体现了以产品为核心的设计安装理念。

高铁上的卫生间设计安装的细节程度和品质甚至不逊于很多家居类的卫生间（图5.1.11）。如果能在造型和材料的舒适度上有更深的考虑，完全可以在市场上进行推广应用，成为居家卫生间装配式的产品。建筑行业中楼板、楼梯、阳台、飘窗、梁等，都已经实现了统一标准、工厂化加工、现场安装和浇筑相结合。室内装修涉及的材料有近千种，更需要进行标准化，只有把材料及相关的部件进行统一标准化之后，才能真正让我们的装修行业建立完整的产业链条。只有形成完整的产业链条之后，我们才能控制成本，真正实现装配式的广泛应用（图5.1.12~图5.1.14）。

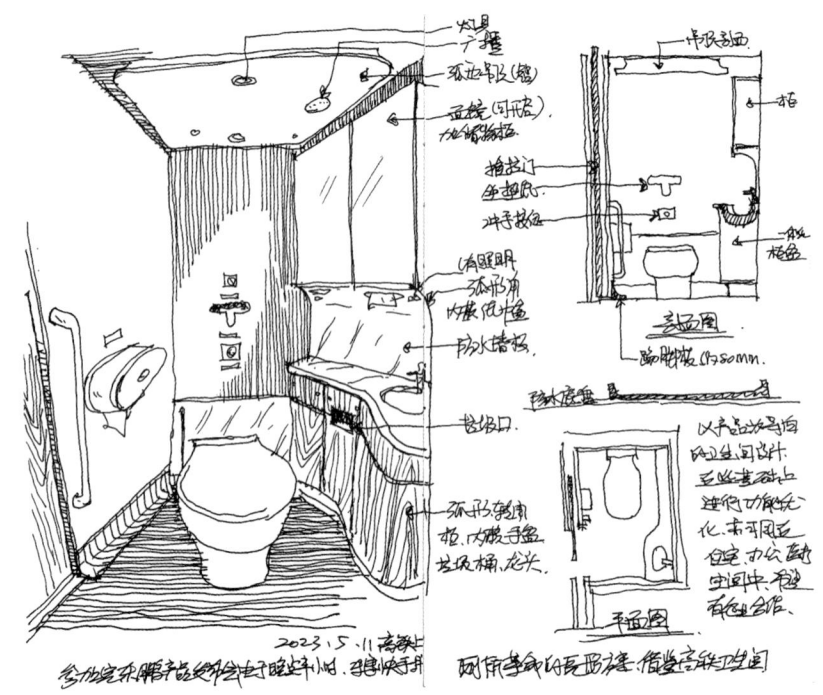

图 5.1.11　高铁卫生间手绘草图（绘图：陈亮）

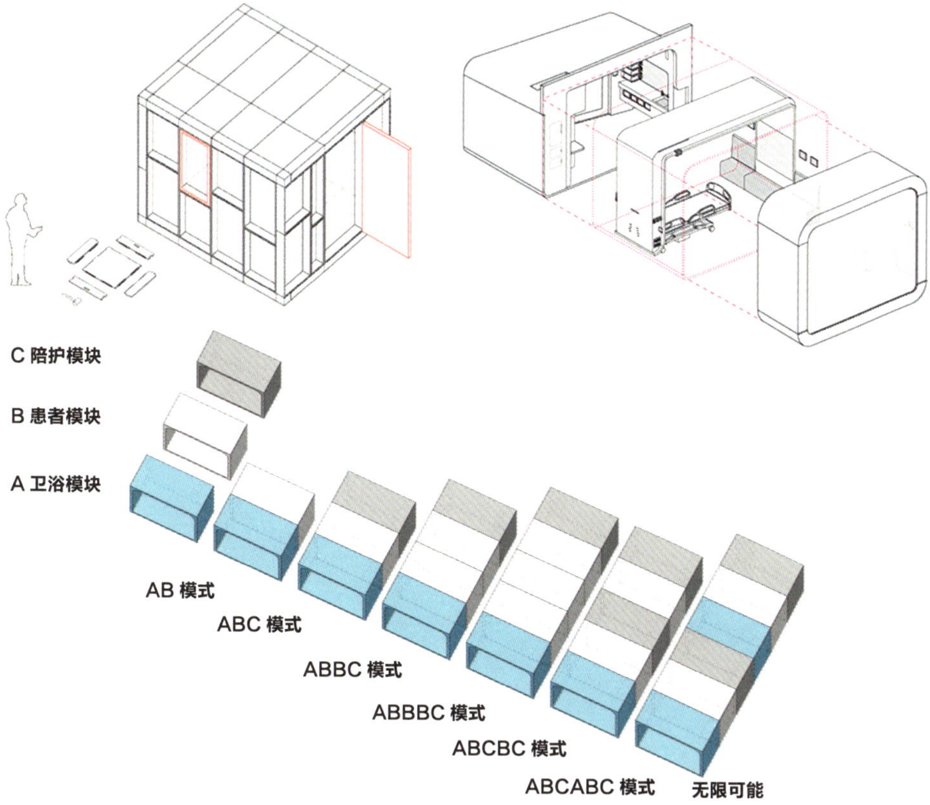

第五章　要脚踏实地，更要仰望星空　139

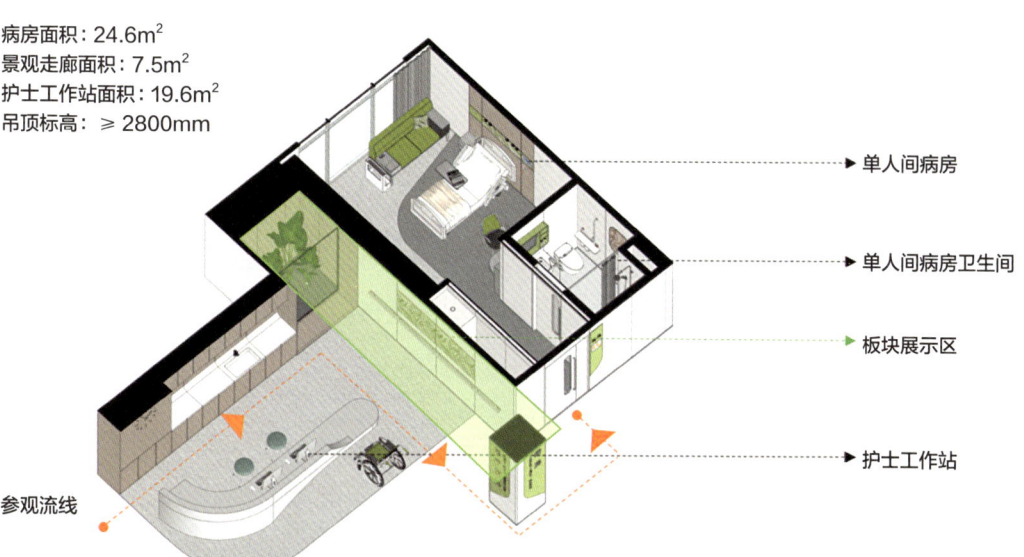

图 5.1.12　可重复组合使用模块（绘图：徐卜婷）

病房面积：24.6m²
景观走廊面积：7.5m²
护士工作站面积：19.6m²
吊顶标高：≥ 2800mm

图 5.1.13　病房及护士工作站装配式设计方案轴测图（绘图：徐卜婷）

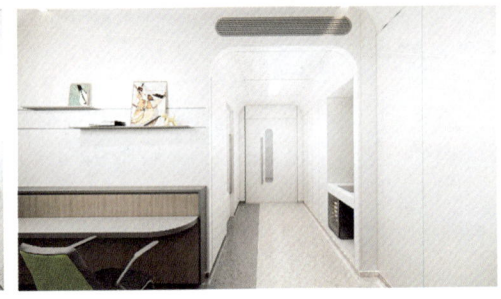

图 5.1.14 病房及护士工作站装配式方案效果图（绘图：徐卜婷）

采用装配式建造时，我们可以对室内空间按使用功能分解成不同的模块。在出厂时先搭建成不同的模块组团运输到工地现场，再进行组装，从而减少现场施工环节，保证产品品质，这也是借鉴汽车、船舶的安装制造理念。在医疗空间室内设计中，病房就可以采用装配式的建造模式。同时，未来随着数字化技术和多媒体人机互联的发展，可以让传统的集中就医诊疗模式改为分散式，深入到社区中做基础性检查和基本诊疗。诊疗方式可以通过网络虚拟空间，让患者与医生之间跨越物理上的隔阂进行直接交流问诊。

我设想把装配式病房改装成为可移动、多变的组合模式，便于平急转换、灵活使用。具有便于运输，不使用时无维护费、减少能源损耗等优势。这是结合儿时变形金刚玩具转换空间模式的设计灵感，结合装配式的技术形成的专利设计（图 5.1.15、图 5.1.16）。

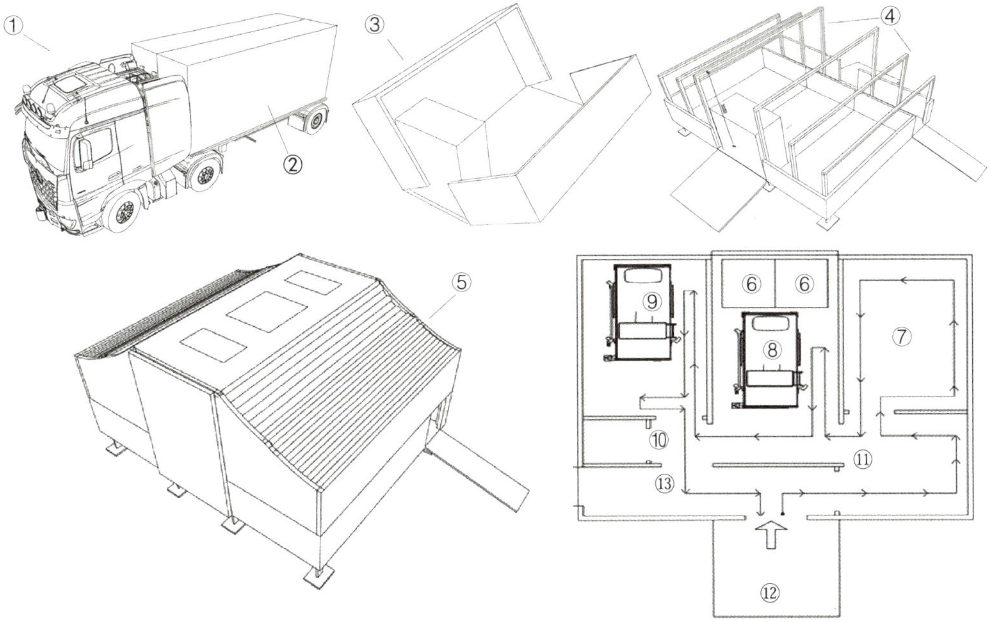

第五章 要脚踏实地，更要仰望星空 141

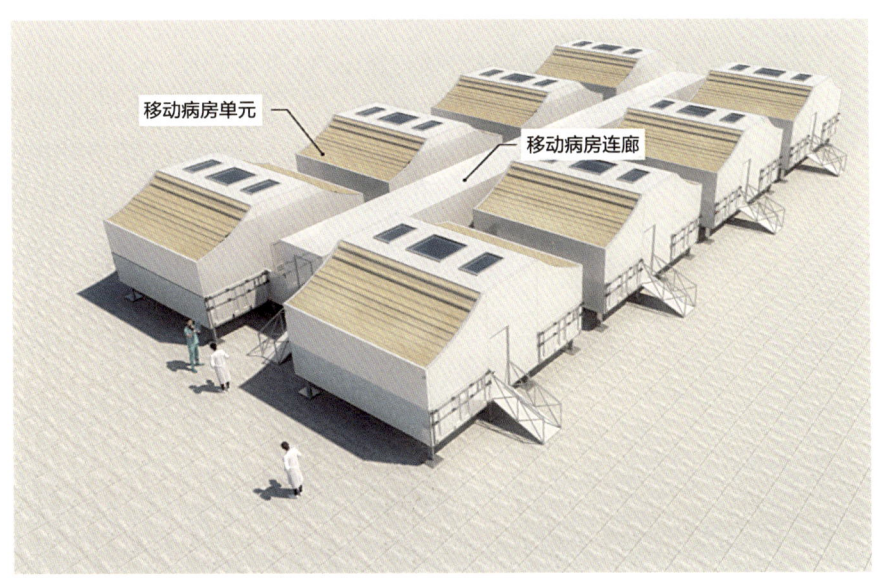

①可移动医疗车
②移动病房单元
③可向两侧移动展开的隔板
④多个快速组装的连接框架
⑤风琴百叶顶棚
⑥机房
⑦准备间和操作区
⑧第一病房
⑨病房
⑩污物区
⑪更衣消毒区
⑫医生主通道
⑬污物通道

图 5.1.15　便携式移动病房专利方案示意图（绘图：陈亮）

图 5.1.16　便携式移动病房（专利号：ZL 2020 2 0811871.2）（绘图：陈亮）

本专利提供一种便携式移动病房,包括:

1. 可移动医疗车以及一个或多个移动病房单元。

2. 移动病房单元与可移动医疗车,可拆卸柔性结构连接,移动病房单元构造为箱体,移动病房单元两侧设置可展开的隔板,内部靠近可移动医疗车一侧设置两个机房,内部具有多个快速组装的连接框架,从而将内部空间分割成多个功能房间。上述移动病房单元顶部设置风琴百叶顶棚,顶棚采用恒温恒湿软性材料遮盖。

3. 移动病房单元内部包括:第一病房、空间连通并合并在一起的准备间和操作区、医生主通道、更衣消毒区、污物区,以及污物通道。

该便携式移动病房不仅可单独进行治疗、救治使用,也可以通过搭建的连廊串,迅速地建成规模化的区域治疗平台。可广泛应用于平急转换、战时医疗救治、灾区援建,解决应急需求。

未来在医院建设领域的装配式病房卫生间、诊室等功能化空间,是否可以以产品的概念来进行设计与安装?这几年医院的建设量在逐步增加,存量市场改造项目成为未来的主导,而室内设计、装修改造领域很有可能成为未来医疗建设的主战场(图 5.1.17、图 5.1.18)。

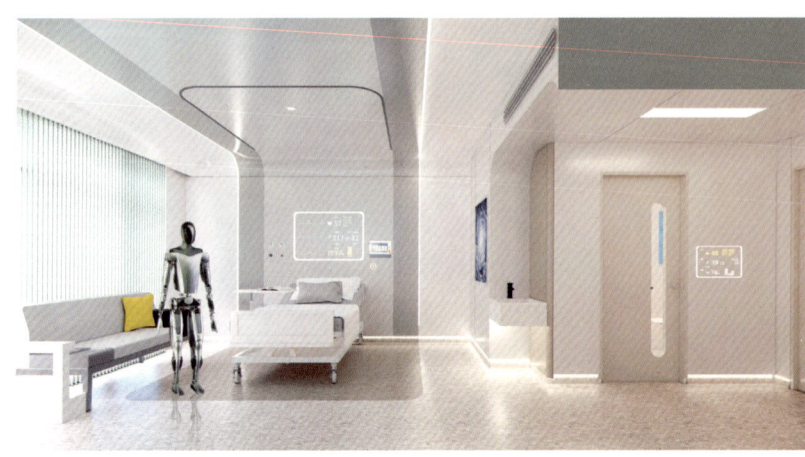

图 5.1.17　智能化病房设计效果图 1(绘图:陈亮、刘奕含)

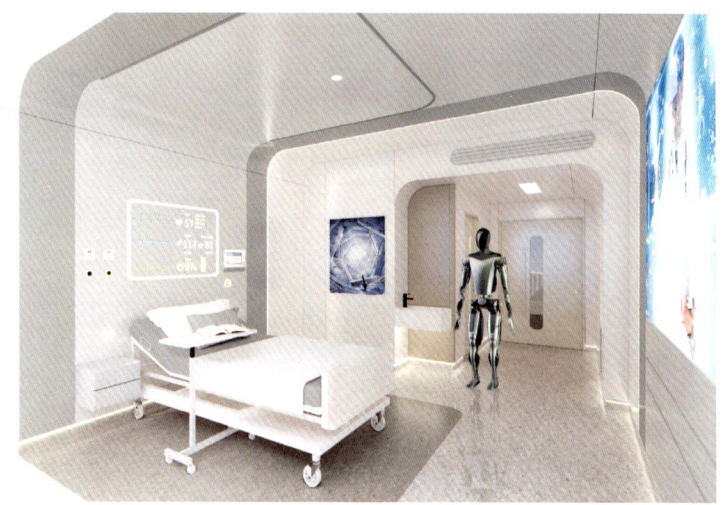

图 5.1.18　智能化病房设计效果图 2（绘图：陈亮、刘奕含）

随着人工成本的增加，以及工厂效率的提升，传统的设计施工模式将转化为装配式的产品模式，未来会转化为智能化建造模式，即生产企业以数据化为基础进行工厂内的生产加工，然后运输到现场由数字化控制的机器人安装。而装配式实际上就是把传统的设计进行标准化、产品化。如同我们做了大量的病房设计，然后把各种病房数据进行优化之后，形成最优标准化设计，转化为装配式病房产品，投入市场中应用。

5.1.5　艺术化的空间设计

最近在深圳前海投入使用的前海某医学中心项目获得社会各界的广泛关注。该项目是我们团队设计的国内首个以艺术医院为概念实施的高品质医学中心，整体室内设计以"浪漫的艺术浮岛"为主题，结合企业的艺术品资源，给医院室内设计创造了新的可能性，给病患以良好的艺术疗愈环境，缓解了医护工作者的工作压力。我们把绘画、雕塑、电子互动装置设计在医疗公共空间中，与医疗室内空间融为一体，并与人产生情感上的交流、互动，给病人创造美好的疗愈情景。

这是未来高品质医院要探寻的设计方向，把空间美学、环境行为学、人体工程学应用到医疗室内空间设计中（图5.1.19）。

已投入使用的北京积水潭医院新龙泽院区获得了中国2021年度行业优秀勘察设计奖建筑设计一等奖，是新时代医院建设的又一典范之作。医院不仅采用最新的医疗设计理念，而且采用代建制管理整体工期和造价。建筑室内形态采用"生态梯田"的设计概念，外立面采用铝板、玻璃幕墙结合装配的方式施工。外墙材料与室内空间相融合，室内大厅上空设计了一个圆形的采光顶，加大了自然光的引入，从而减少室内灯具的安装使用，节能环保并控制造价。中庭室内空间结合通风井的设计，加上室外绿化和植物的搭配，使之成为整个中庭的亮点和特色。通风井的室内部分经过设计装饰为背景墙，成为前台接待

图5.1.19　泰康深圳前海医疗中心（拍摄：金伟琦）

区的标志性造型。现代化理念的医院设计对于公共空间的人性化设计更加关注,给病患和医护工作者带来舒适的感受。室内空间由于造价的控制,对材料进行"区别"对待,对重点功能区进行材料优化,如大厅顶面采用了微孔的吸声铝板,做声学的吸声降噪处理,保证大厅使用环境的舒适(图5.1.20~图5.1.22)。

图 5.1.20　室外庭院景观(拍摄:金伟琦、楼洪义)

图 5.1.21　医院大厅实景(拍摄:楼洪义)

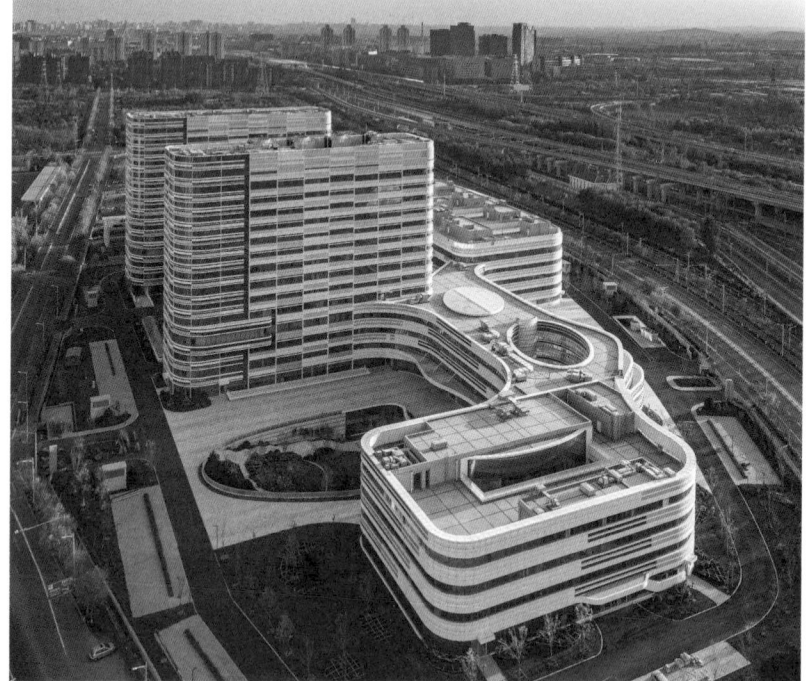

图 5.1.22　医院建筑实景（拍摄：楼洪义）

5.1.6　施工模式发展趋势

我们传统的施工模式是业主、甲方、施工单位相互配合和制约来完成，通常是以业主为主导，进行建设统筹，对设计、施工、监理、建造等环节进行对接管理，这种模式效率较低并且相互掣肘。现在大部分重要项目逐步转入 EPC（工程总承包）的建设模式，尤其是医院的基建项目大部分以 EPC 模式为主。另外，我们国家也在推行建筑师负责制模式，即以建筑师为主导进行项目设计、施工管理。EPC 模式有其特殊性和一定的优势，但也有局限。而 EPCM（设计采购与施工管理）模式对其具有一定的制约性，通过第三方的管理、协调推进项目。其实各种工程模式的核心是价格和利益的平衡，而整个工程体系追求的就是利润最大化，因此设计师与施工方会从不同的角度处理问题。

随着我国建筑工业化不断发展，装配式的材料部件在工厂内进行生产、加工，不仅保障了部件的品质和安装效率，同时也有效降低了人工成本，缩短了施工周期。装配式装修是行业过渡阶段的产品，未来必然向着智能化、智慧化建造的方向发展，最终室内空间呈现的应该是交互性的空间产品。

以电动汽车行业为例，国内电动汽车企业采用"弯道超车"的方法，强调人机交互的产品理念，突破传统燃油汽车的限制。那么未来医疗室内设计是否也可以向智能化、人机交互的方向发展？未来医院的建设模式要适合于新时代的创新与发展，这需要我们建筑、室内设计、施工方、材料企业等相关领域共同合力、不断探索。

2016 年，由美国 eVolo 杂志主办的摩天楼竞赛中，在来自全球的数百个作品中，我设计的"变形医院——适应性空间的医院摩天楼"引起评委们的关注，被评为荣誉奖，全球总排名第四。这个竞赛作品不仅是设立该奖项 11 年以来的首个医院项目，也是首个应用变形的概念，展现了中国设计师对于医疗建筑室内设计方向的关注（图 5.1.23）。

如同变形金刚一样，医院通过建筑空间的形态变化和空间转换，实现以患者为中心的医院空间，以空间围绕患者来进行变化。"变形医

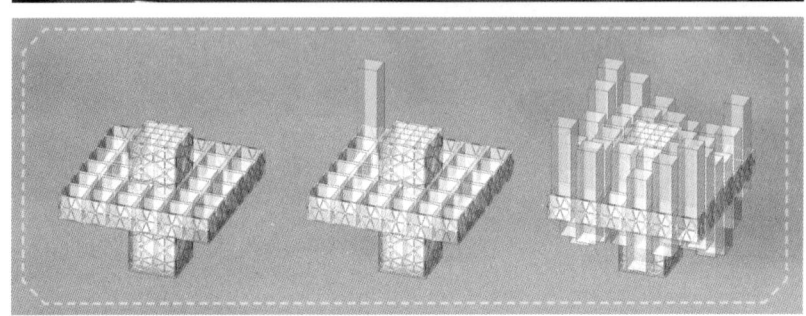

图 5.1.23 "变形医院"（绘图：陈亮、贾彤玉、孙博）

院",实际上是一座适应性的医院摩天楼,以"变形"与"适应性空间"为核心理念。

"变形医院"看似是一个十分大胆超前的想法,但设计趋于模块化,提倡功能空间的灵活多变的理念,实际上是可以应用到现实当中去的。

未来综合医院的建筑公共空间体量会减小,随着技术的发展,医疗室内空间的应用会有更大程度地改变。物联网、3D 打印与药剂整合技术、人工智能以及远程同步动作传输技术发展到一定程度以后，未来人类可能仅仅是一个使用移动终端的机器对接医疗系统，患者只要将病情、检查报告在手机上操作即可足不出户地完成病症诊断及治疗。未来看病会越来越趋向于家庭化、社区化，技术改变人们诊疗的方式。因此，医院设计的未来发展变的是方式，不变的是超前的理念和前瞻的眼光。随着技术的迭代发展，设计行业会向标准化、数据化、网络化、智能化方向发展（图5.1.24）。

同时，建筑的内部空间和人的生活、生产活动关系更加密切，室内是建筑设计的整体的延伸，因此在医疗建筑设计的方案阶段，室内设计也应同时考虑在内。医疗空间室内设计是真正体现室内设计师设计语言能力的表达。医疗空间室内设计追求的目标是为医患创造舒适宜人、功能合理的智能化、可持续发展的疗愈环境。

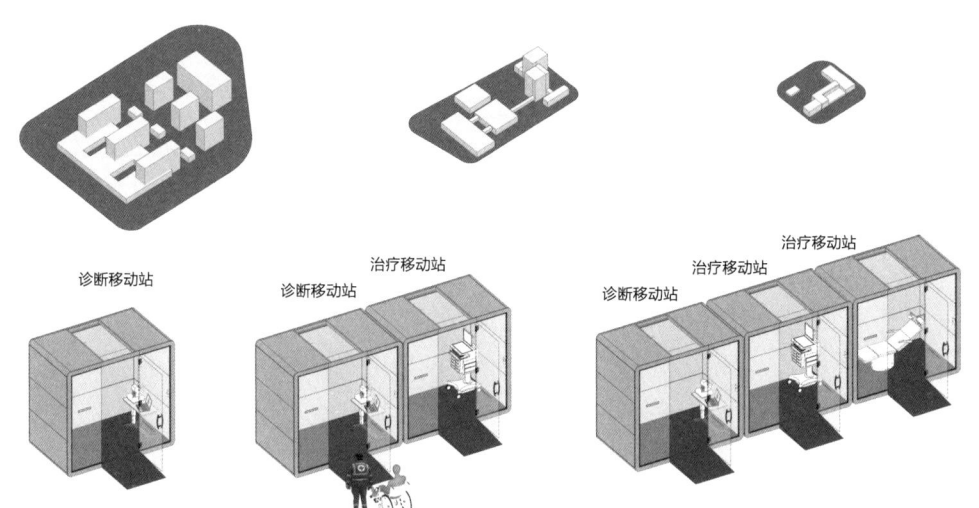

图5.1.24　陈亮设计的分级诊疗移动站概念设计（绘图：朱琳）

5.2 与未来对话

传统建造方法面临着时间、成本和灵活性等方面的挑战，大量医疗空间无法精准为医护工作者提供提高工作效率和治疗疗效的合理的空间场所，从而造成医疗资源浪费和无法适应现代数字化、智能化治疗的使用和交流，无法满足患者及其家属陪护过程中对疗愈环境舒适性的要求，也无法达到尊重病患治疗隐私和缓解心理压力的要求。医疗室内空间的前沿趋势已逐步从经验主义的粗放型管理向精细化、人性化、艺术化方向发展，这一过程需要人工智能和大数据模型为医疗室内空间的智能化建设赋能，从而推动公共卫生与健康项目的精细化和信息化管理的进程。

在医院建设过程中收集的工程数据和医护临床治疗、患者及家属活动轨迹等数据，是研究医疗室内空间建设的重要依据。但是医疗工程与医疗治疗领域数据并不互通共享，且相关数据量庞大、复杂，质量参差不齐，很难被研究人员和设计师直接应用到工程实践中。因此将医疗大数据融合人工智能，转变为适用于医疗室内空间设计的医疗建造大模型，并将其应用于科研模拟和项目实践，有望为医学发展和医疗空间建设带来巨大的变革。

以下内容是本人与人工智能软件关于室内设计行业相关话题的问答，由于人工智能（AI）回答的内容是基于互联网和人类关于该领域已有认知的数据组成的，概括性较强。最耐人寻味的是它针对某些尖锐性问题的回答，颇有些圆滑世故的感觉。2024年人工智能的生活化应用，也预示我们可能要开启新的篇章，人类正在经历百年未有之大变局，可以看到人工智能也不是一蹴而就的，也是经过几代人几十年的研发、创新而来。新的科学技术和人工智能在现实生活中已经得到运用，并逐步推广，比如特斯拉机器人已经在现实生活中运用。大数据、物联网把整个人类变成一个智慧的整体，在这种情况下，设计行业，尤其是传统的室内设计行业，该如何发展？固步自封还是顺应潮流？在未来创新的道路上，还需要我们不断追求，未来任重而道远……

问题1. 室内设计行业未来发展模式？

AI：室内设计行业的未来发展模式可能包括以下几个方面。

1. 数字化设计：随着科技的发展，室内设计行业将越来越依赖于数字化设计工具和软件。通过使用虚拟现实（VR）和增强现实（AR）技术，设计师可以更好地展示他们的设计理念，并与客户进行实时互动和反馈。

2. 可持续设计：随着人们对环境保护和可持续发展的关注增加，室内设计行业将越来越注重可持续设计。这包括使用环保材料、节能设备和绿色建筑技术，以减少对环境的影响。

3. 定制化设计：消费者对个性化和定制化产品的需求不断增加，室内设计行业也将朝着定制化设计的方向发展。设计师将更加注重满足客户的个性化需求，提供独特的设计方案及定制化的家具和装饰品。

4. 线上线下结合：随着互联网的普及，室内设计行业将越来越注重线上线下结合的发展模式。设计师可以通过在线平台展示他们的作品和服务，与客户进行远程沟通和合作。同时，线下的实体展厅和体验中心也将继续发挥重要作用，为客户提供更真实的设计体验。

5. 跨界合作：室内设计行业将与其他相关行业进行更多的跨界合作，以提供更全面的设计解决方案。例如，与建筑师、景观设计师、家具设计师等合作，共同打造整体的空间设计和装饰方案。

总的来说，室内设计行业的未来发展模式将更加数字化、可持续、定制化，并且注重线上线下结合和跨界合作，以满足消费者不断变化的需求。

问题 2. 医疗室内设计的核心竞争力是什么？

AI：医疗室内设计的核心竞争力主要体现在以下几个方面。

1. 人性化设计：

（1）患者体验优先：医疗室内设计首要考虑的是患者的体验，包括舒适度、隐私保护、心理需求等。通过合理的空间布局、色彩搭配、材质选择等，为患者营造一个温馨、舒适、放松的就医环境。

（2）无障碍设计：确保医疗空间对于各类患者（包括老年人、残障人士等）都是无障碍的，便于他们顺利就医。

2. 智能化系统：

（1）提升医疗效率：通过引入智能化系统，如智能导诊、智能呼叫、智能环境监测等，提高医疗服务的效率，减少患者等待时间，提升就医体验。

（2）增强安全性：智能化系统还可以用于安全监控、紧急呼叫等方面，确保医疗空间的安全性。

3. 绿色环保与可持续性：

（1）节能减排：采用环保材料和节能设备，降低医疗空间的能耗和碳排放，符合绿色建筑的发展趋势。

（2）可持续设计：考虑医疗空间的长期使用和维护，采用可持续的设计理念和方法，确保医疗空间的长期稳定运行。

4. 专业性与特色化：

（1）专业性：医疗室内设计需要具备一定的专业性，包括医疗流程、医疗设备、医疗环境等方面的知识。通过专业的设计，确保医疗空间的功能性和实用性。

（2）特色化：根据医疗机构的定位和特色，打造具有独特风格的医疗空间，提升医疗机构的品牌形象和竞争力。

5. 创新与科技应用：

（1）引入新技术：如虚拟现实（VR）、增强现实（AR）、人工智能（AI）等新技术，为医疗空间提供创新的设计思路和解决方案。

（2）提升就医体验：通过科技应用，如智能导诊、在线预约、电子病历等，提升患者的就医体验和满意度。

6. 人文关怀：

（1）注重细节：在医疗室内设计中，注重细节处理，如设置休息区、母婴室、无障碍卫生间等，体现对患者的关爱和尊重。

（2）营造文化氛围：通过墙面装饰、艺术品摆放等方式，营造具有文化氛围的医疗空间，提升患者的就医体验和医疗机构的品牌形象。

综上所述，医疗室内设计的核心竞争力在于人性化设计、智能化系统、绿色环保与可持续性、专业性与特色化、创新与科技应用以及人文关怀等方面。这些核心竞争力将共同推动医疗室内设计行业的不断发展和进步。

问题 3. 医疗空间室内设计的未来发展趋势是怎样的？

AI：医疗空间室内设计的未来发展趋势将是一个多元化、智能化、个性化和人性化的综合体。

以下是几个主要的发展趋势。

1. 人性化设计：

（1）舒适的座椅和布局：未来的医疗空间将采用更加舒适的座椅设计，如柔软的沙发躺椅等，同时布局将更加人性化，提供放松身心的等候环境。

（2）温馨的装饰和材料选择：医疗空间的装饰将采用更加温馨的元素，如柔和的灯光、自然的植物等，以营造一个更加温暖和亲切的氛围。

（3）心理需求关注：未来的医疗空间室内设计将更加注重患者的心理需求，使用色彩疗法和艺术元素来缓解患者的焦虑和压力。

2. 数字化和智能化技术：

（1）智能医疗设备：随着人工智能、物联网等技术的应用，医疗设备和环境将变得更加智能和互联，提高医疗服务的效率和准确性。

（2）智能导诊系统和电子健康记录：这些系统将使患者的就诊体验更加便捷和个性化，同时优化患者信息管理。

3. 绿色环保和可持续性：

（1）节能减排：未来的医疗机构将更加注重节能减排，使用环保材料和可再生能源以降低碳排放和水资源消耗。

（2）绿色建筑设计：绿色建筑设计、废物循环利用和水资源管理将成为医疗设施设计的重要组成部分，为保护环境作出贡献。

4. 个性化医疗解决方案：

基因编辑和定制化药物：随着精准医疗的发展，未来的医疗设计将更加注重为患者提供基于基因和具体情况的个性化治疗方案。

5. 空间规划与布局的创新：

（1）优化空间布局：根据医疗流程和功能需求，合理规划空间布局和流线设计，实现空间的高效利用和功能优化。

（2）灵活的空间结构：采用灵活的空间结构和界面，以适应未来发展和功能变更的需求。

综上所述，未来的医疗空间室内设计将是一个更加注重患者体验、科技应用、环保可持续以及个性化治疗的多维度发展体系。通过不断创新和结合人文关怀，未来的医疗环境将为患者和医疗工作者创造更多价值。

问题 4. 室内设计行业的痛点以及如何改进？

AI：室内设计行业的一些痛点包括：

1. 高昂的费用：室内设计通常需要支付高昂的设计费用，这对于一些普通消费者来说可能负担过重。

2. 缺乏透明度：在设计过程中，客户往往难以准确了解设计师的想法和设计方案，导致沟通不畅和误解。

3. 时间和效率问题：室内设计通常需要花费较长的时间来完成，这对于一些需要快速装修的客户来说可能是一个问题。

为了改进室内设计行业，可以考虑以下措施：

1. 提供多样化的设计选择：设计师可以提供不同价格和风格的设计方案，以满足不同客户的需求和预算。

2. 引入虚拟现实技术：通过使用虚拟现实技术，客户可以更直观地了解设计师的想法和设计方案，提高沟通效率和准确性。

3. 优化设计流程：设计师可以通过优化设计流程和采用先进的设

计工具来提高效率，减少设计时间。

4. 提供透明的费用结构：设计师可以明确列出设计费用的组成部分，让客户清楚地了解他们所支付的费用。

5. 加强与施工团队的合作：设计师可以与施工团队密切合作，确保设计方案的顺利实施，减少施工过程中的问题和延误。

总之，改进室内设计行业需要设计师和相关从业者共同努力，提供更多样化、透明和高效的设计服务，以满足客户的需求。

问题 5. 室内设计行业会被人工智能取代吗？

AI：虽然人工智能在许多领域都取得了显著的进展，但室内设计是一个需要创造力、审美和情感等人类特质的领域，因此很难完全被人工智能取代。

以下是一些原因：

1. 创造力和审美：室内设计需要创造独特的空间和美学感受，这是人类的创造力和审美能力所特有的。人工智能可能能够生成一些设计方案，但缺乏创造力和审美判断力。

2. 情感和情绪：室内设计涉及到与客户的沟通和理解，需要考虑他们的喜好、需求和情感。人工智能无法理解和处理情感，无法提供与人类设计师相同的情感链接和个性化服务。

3. 客户关系和沟通：室内设计师需要与客户进行密切的合作和沟通，以确保设计方案符合客户的期望和需求。这种人际交往和沟通能力是人工智能无法替代的。

尽管如此，人工智能在室内设计领域也有一定的应用，例如辅助设计师进行设计方案的生成和优化、提供设计素材和灵感等。人工智能可以成为室内设计师的有力工具，但无法完全取代人类设计师的创造力和人际交往能力。

因此，室内设计师可以通过与人工智能技术的结合，提升自身的设计效率和创造力，为客户提供更好的设计服务。

综上所述，虽然人工智能在室内设计领域有一些优势，但室内设计师的创造性、人性化设计能力、沟通和理解能力，以及项目管理和施工监督等方面的优势仍然是无法被取代的。

作者：你回答的好圆滑呀。

AI：谢谢夸奖！作为人工智能助手，我会尽力提供准确、全面的信息，并尽量回答用户的问题。如果还有其他问题，我会很乐意为您解答。

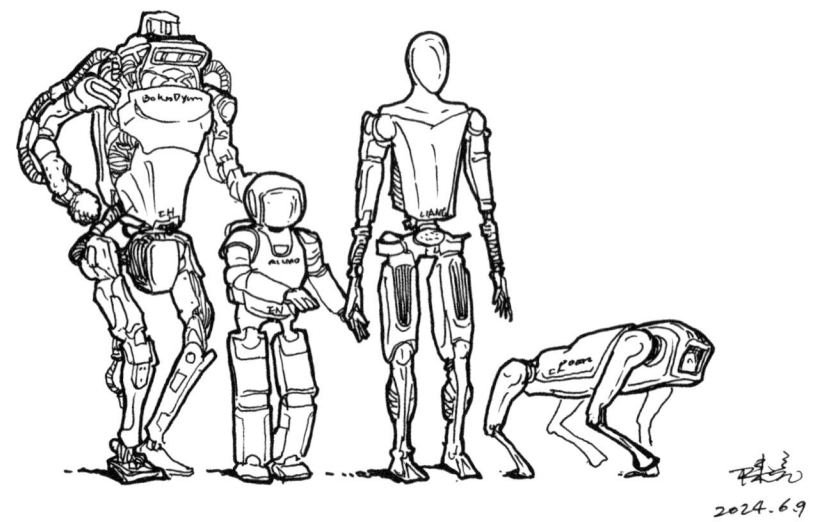

技术的发展，不仅服务于人类，也改变了人类，并取代人类一部分职能和领域。时代发展的巨潮飞速前行，我们只能致敬技术，拥抱未来，创新探索。

图书在版编目（CIP）数据

医疗空间室内设计创新探索 = INNOVATIVE EXPLORATION OF INTERIOR DESIGN FOR MEDICAL SPACES / 陈亮著 . -- 北京：中国建筑工业出版社，2024.11.
ISBN 978-7-112-30402-8

Ⅰ . TU246.1

中国国家版本馆 CIP 数据核字第 2024WD9731 号

责任编辑：吴　绫　何　楠
文字编辑：高　瞻
责任校对：赵　力

医疗空间室内设计创新探索
INNOVATIVE EXPLORATION OF INTERIOR DESIGN FOR MEDICAL SPACES
陈　亮　著
*
中国建筑工业出版社出版、发行（北京海淀三里河路 9 号）
各地新华书店、建筑书店经销
北京雅盈中佳图文设计公司制版
北京市密东印刷有限公司印刷
*
开本：787 毫米 ×960 毫米　1/16　印张：10　字数：147 千字
2025 年 3 月第一版　2025 年 3 月第一次印刷
定价：**78.00** 元（含增值服务）
ISBN 978-7-112-30402-8
（43737）

版权所有　翻印必究
如有内容及印装质量问题，请与本社读者服务中心联系
电话：（010）58337283　QQ：2885381756
（地址：北京海淀三里河路 9 号中国建筑工业出版社 604 室　邮政编码：100037）